林木种苗

质量安全知识问答

喻方圆　李淑娴　史锋厚　编

中国质检出版社
北　京

图书在版编目(CIP)数据

林木种苗质量安全知识问答/喻方圆,李淑娴,史锋厚编.
—北京：中国质检出版社，2012
(绿色乡村)
ISBN 978-7-5026-3624-1

Ⅰ.①林… Ⅱ.①喻… ②李… ③史… Ⅲ.①林木—育苗—质量安全—问题解答 Ⅳ.①S723.1-44

中国版本图书馆 CIP 数据核字(2012)第 101364 号

内 容 提 要

本书是“绿色乡村”丛书之一，以问答的形式主要介绍了林木种苗的基础知识、林木种子和种苗的选购鉴别知识、实用方法与技巧、相关的法律法规和消费维权知识等。

本书由从事林木种苗研究的技术专家编写，内容翔实，实用性强，适合农民朋友和农业技术人员使用。

中国质检出版社 出版发行
北京市朝阳区和平里西街甲 2 号(100013)
北京市西城区三里河北街 16 号(100045)
网址：www.spc.net.cn
总编室：(010) 64275323 发行中心：(010) 51780235
读者服务部：(010) 68523946
中国标准出版社秦皇岛印刷厂印刷
各地新华书店经销
*
开本 787×1092 1/32 印张 4.75 字数 94 千字
2012 年 7 月第一版 2012 年 7 月第一次印刷
*
定价 **12.00** 元

本书编写人员

喻方圆　李淑娴　史锋厚

前言

国务院提出开展“质量和安全年”活动，把全面提高产品质量和安全生产水平放在了推进国家经济战略结构调整的重要位置。产品质量安全事关国计民生，涉及社会和谐的方方面面，其相关知识的普及对经济快速发展而生产技术及管理水平相对滞后的农村尤为重要。

为配合国家近年开展的“农资打假”、“清新居室”、“家电下乡”以及针对农用产品开展的各种专项整治活动宣传，我们组织常年从事农业技术推广、农产品生产销售及“家电下乡”等工作的技术专家，共同策划编写了“绿色乡村”知识问答系列图书。该丛书面向广大农民朋友，采用简明实用的问答形式，介绍农资、农产品、农民生活用品的质量安全知识及农村节能减排、质量兴农等方面的知识，旨在帮助农民朋友提高质量安全意识，转变不恰当的生产和消费模式，传播科学环保的生产生活理念，倡导有利于保护环境及生态平衡、节约资源、减少浪费等优良生产生活方式，推动我国新农村建设向着经济收入增长、生活平安健康、人与自然和谐的方向发展。

“绿色乡村”系列图书涉及肥料、饲料、农产品、种子、农药、兽药、饲料添加剂、林木种苗、农业机械、家用电器、家具、建筑及装饰装修材料、农村节能减排、农业信息技术与农民致富等方面，自2010年首次出版以来深受广大农民朋友的欢迎。其中大部分图书分别被列入国家“农家书屋”工程推荐用书。图书的编写以国家（行业、企业）标准、法律法规为依据，尊重科学。其主要内容包括与农民生活生产密切相关的商品选购鉴别方法、产品质量安全知识、科学实用技术技巧，以及消费维权常识等；设问简明实用，答案通俗易懂。

“绿色乡村”系列图书在编写过程中得到了中国质量检验协会、中国家用电器服务维修协会、浙江省农业科学研究院、山东省农业科学研究院、河北农业大学、西南林业大学、南京林业大学等的大力支持，在此深表感谢！“绿色乡村”系列图书可作为“放心农资下乡”、农资知识竞赛等活动的宣传推荐用书。我们真诚地希望能为广大农村消费者提供满意的服务。

丛书编委会

目录

基本常识

选购鉴别与质量安全

林木种子

苗木

实用方法与技巧

相关法律法规及消费维权

基本常识

1. 什么是林木种子?

林木种子的概念在植物学上和林业生产上是不同的。植物学上所说的种子，是指受精后由胚珠发育而成的繁殖器官。而林业生产上所说的种子，则具有更广泛的含义。凡是林业生产上可直接利用作为繁殖材料的植物器官统称为种子，其中包括真正的种子、类似种子的果实和营养器官等。

2. 林木种子如何分类?

林木种子可分为以下三大类:

(1) 真正的种子。这一类就是植物学上所说的种子，它们由受精后的胚珠发育而成。如杉木、马尾松、油松、云南松、华山松、樟子松、兴安落叶松、华北落叶松、云杉、冷杉、刺槐、合欢、柠条、杨树、泡桐等。

(2) 类似种子的果实。有些“种子”实际上不是种子，而是植物学上所说的果实，但可以直接用作播种材料。这些果实的内部含有一粒或多粒种子，而外部则由子房壁或花器的其他部分发育而来。如麻栎的坚果、鸡爪槭的翅果、喜树的瘦果、毛竹的颖果、樱桃的核果等。

(3) 营养器官。营养器官是树木的常用繁殖材料，如树木的根、枝条、叶片等。泡桐、刺槐等可以插根繁殖；杨树、柳树、悬铃木、水杉等可以插条繁殖；秋海棠等则可以插叶繁殖。随着林木组织培养技术的不断成熟，可用于繁殖的材料则更加广泛，如茎段、腋芽，甚至单个细胞等。

3. 种子含有哪些化学成分?

种子的成分比较复杂，其中最主要的是含有大量水分、蛋白质、脂肪和碳水化合物（主要是淀粉），此外还含有少量的矿物质、维生素、激素、酶和色素等。这些化学成分是种子萌发所必需的养料和能量来源，对种子的生理机能有重大影响。种子化学成分不仅影响种子的生理和物理特性，而且与种子采集、加工、贮藏和萌发有十分密切的关系。

不同植物种子的化学成分差异很大，根据主要化学成分的不同，可以划分为三大类：

（1）淀粉种子。这类种子的贮藏营养物质主要以淀粉的形式存在，含量约占种子干物质重的25%～75%，以壳斗科植物最为典型，如板栗、麻栎、青冈等。

（2）蛋白质种子。这类种子贮藏的营养物质主要以蛋白质的形式存在，含量约占种子干物质重量的25%～35%，以豆科植物最为典型，如刺槐、合欢、相思树等。

（3）油质种子。这类种子贮藏的营养物质主要以脂肪的形式存在，含量约占种子干物质重量的30%～50%，以山茶科、大戟科、松科等植物最为典型，如油茶、油桐、马尾松等。

4. 什么是林木种子的安全含水量?

林木种子的贮藏寿命与种子含水量有密切的关系。含

水量降低到一定程度时，其水分处于胶体结合状态，各种酶的生理活性低，种子的呼吸作用微弱，贮藏寿命长。相反，种子含水量高，意味着种子中存在大量的游离水，酶的活性因而增高，种子的呼吸作用旺盛，释放出大量水分和热量。强烈的呼吸作用不仅消耗大量营养物质，而且为微生物活动创造了良好的湿热条件，致使种子生活力急剧下降。当然，种子含水量也不是越低越好，如果过分干燥，导致种子内部生理结构变形解体，也会降低种子生活力。

贮藏时维持种子生命力所必需的含水量称为安全含水量。树种不同，安全含水量也存在很大的差异。根据安全含水量的高低，可以把林木种子区分成两大类：

（1）能够忍受干燥的种子，如杉木、马尾松、油松、侧柏、刺槐等，这类种子的安全含水量通常为8%～10%。

（2）不能忍受干燥的种子，如油茶、油桐、板栗、麻栎、七叶树等。据研究，如果油茶种子的含水量低于24%，麻栎种子含水量低于30%，发芽率就会显著降低。因此，这类种子的安全含水量通常在25%～35%左右。

5. 什么是林木种子的休眠？

广义上的种子休眠是指有生活力的种子，由于某些内在因素或外界条件的影响，而使种子一时不能发芽的状态。种子休眠是植物适应特殊外界环境条件而保持物种不断繁衍生息的生态特性，是植物系统发育过程中长期自然选择的结果，对物种的保存和繁荣是十分有利的。如生长在干燥寒冷地区的北方树种，其种子往往须通过一定时期的休眠，避免严寒干旱的冬天才能发芽。

种子休眠有两种情况：

（1）由于种子得不到发芽所需要的基本条件，比如适宜的温度、水分和氧气，如果能满足这些条件，种子就能很快发芽。如杨、柳、榆、桦、麻栎、桉树、杉木、马尾松、油松、落叶松、樟子松、华山松、云杉等。这类种子的休眠称为强迫休眠。

（2）种子成熟后，即使给予种子萌发所需要的适宜水分、温度和氧气，也不能很快发芽或发芽很少。如红松、白皮松、桧柏、银杏、七叶树、冬青、青钱柳、椴树、水曲柳、白蜡、五角枫、复叶槭、漆树、山楂、皂荚、刺槐、相思树等，这类种子的休眠称为生理休眠。

通常所说的种子休眠，实际上是指生理休眠。引起生理休眠的原因是多种多样的，也是很复杂的。有的种子休眠是一种因素引起的，有的种子休眠则是多种因素综合作用的结果。

6. 种子休眠对林木育苗有何影响？

种子休眠常给林木育苗带来不利影响。如到了播种季节而种子尚处于休眠状态，若未经适当处理即行播种，则需要较长时间种子才能发芽出土，且田间出苗参差不齐，出苗率低，从而影响苗木的整齐度和抗逆性，降低苗木的产量和质量。同时，一定会损失许多种子，给育苗户带来经济损失。由于苗木出土晚，出土时如遇高温干燥时期，使苗木遭受灼伤，也容易感染病害，从而造成育苗失败。

7. 如何打破种子的休眠？

由于种子休眠的原因不同，打破种子休眠的方法也不一样，需要先弄清原因，然后采用适当的方法，对症下药，才能收到良好效果。归纳起来，打破种子休眠的方法有以下几个方面：

（1）温水浸种。通常用45℃～50℃左右的温水浸种1～2天。适用于没有生理休眠习性、但种皮较厚的种子，如油松、侧柏等。

（2）热水浸种。通常用始温80℃～100℃左右的热水浸种1～2天。适用于种皮坚硬、透水不良的种子，如刺槐、皂荚、合欢、任豆等。

（3）酸蚀。用浓度为98％的硫酸浸种，或根据种皮的硬度和厚度将硫酸稀释至30％～50％，用稀释的硫酸浸种。酸蚀时间因树种而异，必须控制好酸蚀时间。酸蚀结束后，种子应立即用清水冲洗干净。酸蚀处理适用于种皮特别坚硬的种子，如马占相思、台湾相思和厚荚相思等。

（4）伤蚀。伤蚀是指用机械的方法擦伤种皮，以解除因种皮存在机械阻力而引起的休眠。种批量大时可用水泥搅拌机等机械，内混石块，通过搅拌，达到擦伤种皮，便于种子吸水透气、胚根顺利伸长的目的。种批量小时，可用锉刀、剪子、砂纸等工具，手工擦伤种皮，以便吸水透气、利于胚根突破种皮。

（5）化学药剂催芽。针对不同树种，采用不同的化学药剂，如赤霉素、双氧水等，用化学和生物结合的方法打破种子休眠，促进种子萌发。

（6）层积处理。层积处理是指将种子与湿沙等混合或分层放置，以解除种子休眠的方法。层积处理在生产上被广泛应用，可以解除因种皮或种胚存在抑制物质、种胚未成熟等多种原因而引起的休眠。许多树种都可以通过层积处理而达到打破休眠的目的，如红松、桧柏、银杏、七叶树、冬青、青钱柳、椴树、水曲柳、白蜡、五角枫、复叶槭、漆树、山楂、枫杨、黄山花楸、樱桃、山定子、海棠、马褂木、黄栌、榛子、女贞、栾树、樟树、楠木、檫树等。对于没有生理休眠特性的林木种子，也可以通过层积处理而达到发芽整齐、快速的目的。

因各地的自然条件和种子特性不同，层积处理还可以细分为不同的方法，主要有：

①混沙层积。沙与种子的体积比为2∶1或3∶1。沙的含水量为饱和含水量的60%。具体掌握为，手握成团但不滴水，松手后能自动散开。在室内可用容器盛装或堆于地面；在室外可选择地势较高，排水良好处挖坑埋藏。注意保持通气良好，防止霉烂。层积温度通常为3℃～5℃，时间因树种而异，短的30～60天，长的超过365天。

②混雪（冰）层积。雪（冰）与种子的体积比为3∶1。将冰粉碎为小块。在室内用容器盛装；在室外可选择地势较高，排水良好处挖坑埋藏。控制容器或坑内的雪（冰）不融化。在室外坑的深度不要超过结冻层。

③变温层积。沙与种子的体积比为3∶1。沙的含水量为饱和含水量的60%。具体掌握为，手握成团但不滴水，松手后能自动散开。在室内可用容器盛装或堆于地面。变温程序因树种而异，可暖层积（20℃）数周后转低温层积（3℃～5℃）若干周，也可每天设定暖层积（20℃）转低温层积（3℃～5℃）的变化。

8. 什么是种子的寿命?

种子寿命，是指种子生活力在一定环境条件下能够保持的期限。当一批种子的发芽率从收获后降低到半数种子存活所经历的时间，即为该批种子的平均寿命，也称半活期。

尽管每粒种子都有它们各自的生存期限，但因为种子数量很多，且到目前为止种子生活力或发芽率的测定方法都是破坏性的，不可能测定每粒种子的生物学寿命，只能从种子群体中取样测定其生活力或发芽率，用来估算种子的寿命。所以，种子寿命是一个群体概念。

植物种子寿命的差异是相当大的。寿命短的种子，如杨树和柳树种子，通常只能存活 2～3 周；而寿命长的种子，则可能存活几百年甚至上千年。如 1967 年，美国曾报道世界上最长命的种子为北极的羽扇豆，经测定，其寿命为 1 万年。而 1923 年在我国辽东半岛的普兰店河流域发现的古莲子，经 Libby（1931）以 C^{14} 确定其种龄为（1040±210）年，这些莲子不仅能发芽，而且长成了正常植株。

9. 影响种子寿命的因素有哪些?

影响种子寿命的内外因素有很多，只有充分了解这些因素对种子寿命的影响，才能更好地采取措施，最大限度地保持种子的贮藏寿命。可以将影响种子寿命的因素分为内因和外因。

（1）影响种子贮藏寿命的内因主要有以下方面：

①种子的遗传特性。种子寿命的长短，不仅在不同植

物间表现出明显差异，就是同一植物的不同品种之间，差异也很显著。

②种皮结构。凡种皮构造致密、坚硬或具有蜡质的种子一般寿命长些，易贮藏。

③化学成分。富含脂肪、蛋白质的种子寿命长；富含淀粉的种子寿命短，不易贮藏。

④种子含水量。种子含水量低，对不良环境条件的抵抗力强，也不会产生自热、发霉、腐烂等情况，因而有利于保持种子的生命力。

⑤种子的生理状态。生理状态主要包括种子的成熟度、休眠状态及受冻受潮情况。通常种子的成熟度越好，贮藏寿命越长。

⑥种子的物理性质。同一植物的种子，因大小、饱满度、完整性不同，其寿命存在明显差异。

（2）影响种子贮藏寿命的外因主要有以下方面：

①空气湿度。空气湿度是影响种子寿命的关键因素。在贮藏环境条件下，种子水分随着贮藏环境湿度而变化。种子水分越高，种子的贮藏寿命就越短。

②温度。贮藏温度是影响种子寿命的另一个关键因素。在水分得到控制的情况下，贮藏温度越低，正常性种子的寿命就越长。

③气体。除空气湿度和温度外，气体也是影响种子寿命的重要因子。据研究，氧气会促进种子的劣变和死亡，而氮气、氦气、氩气和二氧化碳则可延缓低水分种子的劣变进程。

④生物因素。在贮藏期间，微生物、昆虫及鼠类都直

接危害种子，使种子的生命力下降，寿命缩短。为防止种子发霉，在贮藏前要进行严格净种，使种子净度达到要求的标准。

尽管影响种子贮藏寿命的内外因素有很多，但其中最关键的因素是种子含水量和贮藏温度。

10. 种子干燥有什么作用?

刚采收或加工出来的种子含水量较高，通常在12%以上，有的甚至在20%以上，种子耐藏性较差。含水量过高，意味着种子中存在大量的游离水，种子的呼吸作用较强，放出大量的热量和水分，从而引发种子霉变。对正常性种子来说，贮藏的安全含水量通常为8%～10%以下，因此，种子在入库前必须充分干燥，以保持种子旺盛的生命力和活力，提高种子质量，使种子能安全经过从收获到播种的贮藏阶段。

11. 常用的种子干燥方法有哪些?

种子干燥的方法主要有自然干燥法、人工加热干燥法和干燥剂干燥法等。

(1) 自然干燥。自然干燥就是利用日光、风等自然条件，使种子的含水量降到安全贮藏所要求的标准。杉木、马尾松、油松、侧柏、刺槐、合欢、相思树等林木种子，均可采取日光下摊晒的方法来干燥；杜仲、榆树、云杉等林木种子，在阳光下曝晒容易失去生活力，应采用通风干燥的方法使其干燥。

(2) 人工加热干燥。人工加热干燥是利用加热空气作为干燥介质而通过种子层，使种子含水量降到规定要求的方法。人工加热干燥具有速度快、不受天气影响的优点，特别适用于南方多雨地区。但人工加热干燥需要一定的场所和设备，干燥成本较高，同时必须调控好干燥气流的温度，以防温度过高而灼伤种子。

（3）干燥剂干燥。干燥剂干燥就是将种子与干燥剂按一定比例封入密闭容器内，利用干燥剂的吸湿能力，不断吸收种子扩散出来的水分，从而使种子失水干燥的方法。干燥剂干燥具有安全、能人为控制干燥程度等优点，其不足是只适于干燥少量种子。常用的干燥剂有变色硅胶（$SiO_2 \cdot nH_2O$）、氯化锂（LiCl）、氯化钙（$CaCl_2$）、生石灰（CaO）和五氧化二磷（P_2O_5）等。

12. 种子包装具有什么功能？

（1）具有保护功能。合理包装可防止种子混杂、病虫害感染、吸湿回潮，减缓种子劣变，提高种子商品特性，保持种子旺盛活力，保证贮藏和运输安全。

（2）具有方便功能。种子包装后可方便购买的用户，买前不用准备包装物；种子包装后不仅方便运输，而且便于搬运；种子包装后可整包销售，免去称重的麻烦，提高工作效率。

（3）具有标签功能。种子包装上或包装内附有种子标签，使用户对种子的基本情况一目了然，可以放心使用。

13. 种子贮藏的方法有哪些？

根据种子特性和贮藏目的，林木种子贮藏的方法通常可分为干藏和湿藏。

（1）干藏。干藏就是把充分干燥的种子置于干燥的环境中贮藏。该法要求一定的低温和适当的干燥条件，适合于安全含水量低的种子，如大部分针叶树种的种子和刺槐、紫穗槐、白蜡、香椿、臭椿、苦楝、皂荚、合欢、相思等阔叶树的种子。

根据贮藏时间和贮藏方式，干藏又分为普通干藏和密封干藏。

①普通干藏法：将充分干燥的种子装入麻袋、纸箱、木桶、缸和罐等容器中，放在经过消毒、低温、干燥、通风的仓库或地下室内贮藏。此法适用于大多数针、阔叶树种子的短期贮藏。

②密封干藏法：将充分干燥的种子装入已消毒的玻璃瓶、铅桶、铁桶或聚乙烯袋等容器密封贮藏。此法适用于长期贮藏的种子和粒小、种皮薄、易吸湿、易丧失生活力的种子，如杨、柳、榆、桉、桦等。为防止种子湿度过大，可在容器中放干燥剂，如氯化钙、生石灰、木炭块、草木灰等。这种贮藏方法，能长期保持种子活力。

（2）湿藏。湿藏就是将种子置于湿润、适度低温和通气的环境中贮藏。此法适用于安全含水量高的栎类、板栗、七叶树、核桃、银杏、油桐、油茶等树种的种子。低温湿藏也是解除种子休眠的方法之一，特别是内源性休眠的解除。因此，红松、铅笔柏、椴树、山楂、槭树、冬青、玉兰等树木种子也多采用湿藏。

湿藏的具体方法很多，如坑藏、堆藏、雪藏和流水贮藏等，但不管采用哪种方法，贮藏期间都必须具备以下几个基本条件：

①经常保持湿润，防止种子干燥失水；

②温度以 0～5℃为宜；

③通气良好。

14. 什么是苗木？

苗木，是具有根系和苗干的树苗。凡在苗圃中培育的树苗，不论年龄大小，在未出圃之前，都称苗木。

15. 苗木有哪些类型？

苗木种类，是指依繁殖材料和培育方法划分的苗木群体。苗木的种类较多，目前尚无统一的划分方法。通常可以从以下方面划分苗木种类：

（1）根据育苗时根系所处的环境及苗木出圃时根系带土与否，可将苗木分成裸根苗和容器苗。

（2）根据繁殖材料的不同可将苗木分成实生苗和营养繁殖苗。其中实生苗是以种子作为播种材料所培育出来的苗木，又称为播种苗；而营养繁殖苗是以植物的器官、组织甚至单个细胞作为繁殖材料而培育的苗木，又可细分为插条苗、插根苗、嫁接苗和组培苗等。

（3）根据苗木移植与否可将苗木分成留床苗和移植苗。

有的苗木属于复合类型，如裸根苗移植到容器里而形成移植容器苗，在容器里进行扦插而形成扦插容器苗等。

16. 一年生播种苗的年生长规律如何？

一年生播种苗的年生长周期可划分为出苗期、幼苗期、

速生期和苗木硬化期四个时期。

(1) 出苗期是从播种到幼苗出土，地上长出真叶，地下生出侧根为止。这个时期地上生长很慢，根部生长快，营养来源主要来自种子内部贮藏的营养物质。

此时育苗技术要点是给幼苗出土创造条件，使幼苗出土早而多，保湿增温是其要点。

(2) 幼苗期是苗木幼嫩时期。从幼苗地上生出真叶，地下生出侧根开始，到幼苗的高生长量大幅度上升为止。这个阶段营养来源全靠苗木自身光合作用制造的营养物质。叶片数量和叶面积不断增加，幼苗前期高生长缓慢但根系生长较快。到幼苗期后期，苗木地上部分生长由慢转快。

此阶段的育苗技术要点是保苗并促进根系生长，为速生期打下良好的基础。灌溉要适时、适量，及时除草松土，及时间苗、定苗，注意病虫害防治，预防晚霜和高温，适量追施氮、磷肥。

(3) 速生期是从苗木高生长大幅度上升开始到大幅度下降结束。特点是地上部分和地下部分生长都达到最大，对水分和养分的需求大大增加，此阶段是决定苗木质量的关键时期。

此时的育苗技术要点是要保证水肥的大量供应，保证充足的光照，提高土壤的通透性。适时的追肥、灌溉、中耕，防治病虫害。未定苗的针叶树，速生初期定苗。到后期要及时停止施用氮肥和灌溉。

(4) 苗木硬化期是苗木地上地下充分木质化，进入休眠的时期。从苗木高生长量大幅度下降开始到苗木直径和根系生长结束为止。特点是高生长急剧下降，不久高生长停止，继而出现冬芽。前期直径和根系还有缓慢生长。苗木含水率下降，干物质增加，营养物质转为贮藏状态，地上和地下部分都达到完全木质化，抗低温干旱能力提高，落叶树种落叶进入休眠期。

此阶段的育苗技术要点在于促进木质化，防止徒长，提高抗旱、抗寒能力。对于主根比较发达的树种，还可以通过切根促进木质化，并使之多生须根。苗木硬化期还要注意苗木的越冬防寒工作。

17. 什么是播种苗？

播种苗是指用种子培育的苗木。播种育苗的单位面积产量高，成本低，是林木育苗中最主要的育苗方式之一，很多树种都采用播种育苗的方法培育苗木。播种苗还具有根系发达、植株寿命较长的特点。并且播种苗的抗病能力强，适应性强，也不易出现衰退现象。

播种育苗的主要生产过程包括土壤耕作、施肥、种子处理、播种、苗期管理、苗木出圃等工序。

18. 什么是营养繁殖苗？

用树木的营养器官，如苗干、枝条、根、芽或叶等作为育苗材料而培育的苗木，称为营养繁殖苗，又称无性繁殖苗。

营养繁殖苗能把母本的优良特性遗传给后代，营养繁殖是良种扩繁的一种主要方法。适用营养繁殖的树种很多，其中结实稀少或种子生活力不易保存的树种，如水杉、杨树、柳树和泡桐等，尤其适用于营养繁殖。常用的营养繁殖方法有插条、插根、埋条、根蘖、压条、嫁接和组培等。

19．营养繁殖苗的优点是什么？

营养繁殖苗的优点很多，归纳起来主要有以下几点：

（1）无性繁殖苗可以稳定地遗传母本的优良特性，是良种扩繁的主要途径之一。

（2）良种无性系苗木造林后，苗木生长性状整齐，生长速度更快。

（3）嫁接的果树苗木造林后，能提前结实，果品的产量和质量能得到提高。

（4）有些树种不能大量产生有效种子或种子缺乏，以及某些树种播种育苗技术复杂，这时可选用营养繁殖。

20．为什么经济林苗木多采用嫁接繁殖？

嫁接繁殖是经济林苗木繁殖的最重要方法之一。嫁接繁殖除具有一般营养繁殖的优点外，还具有其他营养繁殖方法所无法起到的作用，主要表现在以下方面：

（1）通过嫁接繁殖，可增加苗木的抗性和适应性。

（2）嫁接繁殖可使一树多品种、多头、多花，提高经济树木的价值。

（3）通过嫁接繁殖，可改造树型，调节树势。

（4）通过嫁接繁殖，可实现经济树木品种的大树更新。

（5）通过嫁接繁殖，可扩大经济树木的繁殖途径，提高繁殖率。

21．什么是容器苗？

容器育苗，是指利用各种容器装入基质进行播种、扦插或移植育苗的方法。利用各种容器和营养基质培育的苗木则称为容器苗。根据繁殖方法的不同，容器苗有可细分为播种容器苗、扦插容器苗和移植容器苗等。

22. 容器苗有何优越性？

容器育苗在生产实践中显示了一系列优点，主要有以下几个方面：

（1）使用容器苗造林，由于苗木根系是在容器内形成的，造林时保持原状态，造林的成活率较高。

（2）容器苗出圃时省略了起苗、假植等作业，从育苗到造林的一系列过程中，可以实行机械化操作，降低了劳动强度，提高了劳动生产率。

（3）用容器苗造林能延长造林时间，实现多季节造林，使以往在育苗工作中，季节性劳力紧张的现象得以缓和。

（4）容器苗生长迅速，造林不受季节限制，因而可以缩短苗木培育时间。

（5）由于容器的摆放比较灵活，可以不占耕地或少用耕地，做到哪里造林，哪里育苗。

（6）容器育苗的种子利用率高，比大田播种育苗可节约30％～50％的种子。这对优良珍稀树种的育苗显得更为重要。

23. 什么是林木良种？

林木良种，是指通过试验和鉴定，证明在一定的造林区域内，其产量、适应性、抗性等方面明显优于当前主栽材料的繁殖材料。《中华人民共和国种子法》（以下简称

《种子法》）规定，林木良种必须通过国家或省级林木品种审定委员会审（认）定后才能推广应用。我国林木良种主要包括种子园、母树林和优良林分生产的种子和采穗圃生产的优良无性系穗条等。

24. 林木良种在发展林业生产中有何作用?

（1）实现速生丰产。使用良种是实现林木速生丰产的主要途径之一。在我国速生丰产林建设过程中，林木良种的应用发挥了巨大作用。如杨树、杉木、落叶松等。

（2）提高林木抗逆性，增强林分稳定性。通过使用具有抗旱、抗寒和抗病虫害特性的林木良种，提高对不利环境的抵抗力，增强林分的稳定性。

（3）提高林产品质量。我国林木良种选育工作中，不仅重视林木生长量，而且注意提高林产品品质，并取得了一系列成果。林木良种是提高林产品品质的必由之路。

（4）扩大林木栽培范围。经遗传改良后，一些林木良种具有更广泛的适应性。采用这些林木良种，能扩大林木的栽培范围，扩大优质林产品的种植面积。

选购鉴别与质量安全

林木种子

25. 衡量林木种子质量的指标有哪些？

林木种子质量是由林木种子不同特性综合而成的一种概念，其含义很广，很难用某一个单项指标来衡量。通常可以从遗传品质和播种品质两个方面来综合评价林木种子的质量。

种子的遗传品质是指从母体遗传下来的特性，目前主要是通过了解种子的来源来确定遗传品质的好坏，如种子园种子、母树林种子、优良林分种子和一般林分种子等。

种子的播种品质主要包括以下几个方面的内容：

（1）种子的物理特性：如净度、饱满度、光泽、干湿度等。

（2）种子的生理特性：如生活力、发芽率、活力、休眠状况等。

（3）种子遭受病虫侵染的状况。

26. 什么是林木种子的播种品质？

播种品质，是指林木种子在一定的环境条件下能否萌发和生长为健康植株的能力。播种品质的优劣对林木种子的种用价值具有重要影响。林木种子的播种品质包括净度、千粒重、含水量、发芽率（生活力）和健康状况等指标。

林木种子的播种品质受到外界环境因素的影响，如结实母树的生长状况、气候条件、土壤水分状况和土壤肥力等因素均可影响林木种子的播种品质。结实母树在壮年阶段所结种子的播种品质优于幼年期和老年期；林木种子的采收时期对种子播种品质也有影响，一般情况下，“掠青”种子的播种品质要低于成熟种子。

27. 什么是林木种子的遗传品质？

林木种子的遗传品质是从母体遗传下来的特性，所以遗传品质的好坏，取决于采种母树的选择，如种子园种子、母树林种子、优良林分种子和一般林分种子等。

农俗“种瓜得瓜、种豆得豆”便是对种子遗传品质很好的诠释，这一道理同样适用于林木种子。在林业生产中，发展种子园就是为了使林木种子获得优异的遗传品质，种子园的建园材料是通过选择或改良后获得的优异母本材料，所结出的种子具有父母本的优良品质，使得种子的遗传品质较为优良。在不具备发展种子园的条件时，常常选择具有较优特性的母树林承担生产种子的功能，这样也可以在一定程度上提高种子的遗传品质。

28. 什么样的种子才是合格种子？

合格种子具有相对意义，它是针对假种子和劣质种子而言。合格种子，是指满足林木种苗生产全部规定要求的种子。合格种子的范畴既包括种子的品种、纯度，又要求种子质量达标，同时还需要符合使用方对种子产地、使用方法等特殊要求，方能属于合格种子。

合格种子不仅体现在生产环节，同样体现在使用环节。国内外对于合格种子的纯度、质量指标和种子产地等均具有明确的规定。如我国国家标准《林木种子质量分级》（GB 7908—1999）就对常见林木种子的含水量、净度、发芽率、生活力和优良度等指标进行了分级评价，达不到分级标准的种子均为不合格种子。林木种子的使用方式不同对种子是否合格也有影响，一般情况下，育苗造林的林木种子要求Ⅲ级以上的种子，但飞播造林的种子必须使用Ⅱ级以上的种子才能属于合格种子。系列标准《中国林木种子区》（GB/T 8822—1988）对红松、樟子松、云南松、兴安落叶松、油松、华北落叶松、侧柏、云杉、白榆、杉木和华山松等十多种林木种子的生产和调拨范围进行了规定，即使质量指标达标的种子也要按规定的调拨范围进行调拨，超范围调拨的种子被视为不合格种子。

29. 如何鉴别哪些是假种子？

我国《种子法》中明确规定下列种子为假种子：

（1）以非种子冒充种子或者以此种品种种子冒充他种品种种子的。

（2）种子种类、品种、产地与标签标注的内容不符的。

可以从以下方面来鉴别种子的真假：

①外观形态，如种子的大小、形状、颜色、附属物的有无等。

②重量，不同种的种子形态可能很相似，但其重量往往存在差异。

③种皮表面的构造，有时需要借助显微镜进行观察。

④如有必要，可请专业机构进行分子鉴定。

在生产和销售环节，亲缘关系较近的种子往往因形态较为相似，为不法分子制售假种子提供了可乘之机。任何生产和销售假种子的行为均是违法的，按照我国《刑法》和《种子法》的规定，制售假种子可被依次追究吊销生产、经营许可证、罚没种子和违法所得、罚款，直至追究刑事责任。

30. 什么是劣质种子？

我国《种子法》中明确规定下列种子为劣质种子：

(1) 种子质量低于国家规定的种用标准的。常见林木种子的分级指标包括三项指标：种子净度、种子含水量和种子发芽率（对于休眠种子和发芽时间较长种子，可使用生活力或优良度指标），国家标准《林木种子质量分级》(GB 7908—1999) 正是依据上述三项指标对常见林木种子进行质量分级，分为Ⅰ、Ⅱ、Ⅲ级种子，低于Ⅲ级标准的种子均属劣质种子。

(2) 种子质量低于标签标注指标的。种子标签以合同公告的形式对种子质量进行规定，种子质量应不低于种子标签上所标注的各项指标，低于标签标注指标的种子属于劣质种子。

(3) 因变质不能作种子使用，失去种用价值的。林木种子质量本身就是对种子作为播种材料的评价体系，当种子因变质而不能作为播种材料时，种子即失去了种用价值，失去了种用价值的种子属于劣质种子。

(4) 杂草等其他种子和杂质的比率超过规定的。合格种子对于纯度有严格的要求，当种子批或种子包装中所包含的混杂种子或其他杂质的比率超过规定范围时，种子纯度就达不到要求，这样的种子就属于劣质种子。

（5）检疫出国家规定不应携带的有害病虫害的种子。携带病虫害的种子不适宜作为播种材料，即失去了种用价值。林木种子携带了病虫害将使得种子成为病虫害的传播媒介，导致病虫害的蔓延。因此，携带有害病虫害的种子属于劣质种子。

31. 什么是种子质量检验？

种子质量检验，是指应用科学、先进和标准的方法对种子样品的质量进行正确的分析测定，判断其质量的优劣，评定其种用价值的一门科学技术。种子质量检验具有重要意义，通过种子质量检验可以对种子质量进行分级、评价和监督。

种子质量检验的传统内容包括测定种（品种）的真实性、种子净度、发芽率、发芽指数、活力指数、生活力、优良度、健康状况、含水量、千粒重等指标。现代种子质量检验的内容还扩展到检验种子的外观、色泽、包装、标识以及利用种子的再生商品的品质等。

根据种子质量检验的职能可分为内部检验、监督检验和仲裁检验。不同检验方式所发挥的作用有所区别，但最终目的均是为了控制种子质量，保护种子生产、经销和使用方的合法权益。

根据种子质量检验的条件可分为实验室检验和田间种

植鉴定，一般所指的种子质量检验为实验室检验，实验室检验的测定指标包括种子净度、发芽率、发芽指数、活力指数、含水量、生活力、优良度、千粒重等。田间种植鉴定主要用于检验种子或品种的纯度。

32. 林木种子质量检验的目的是什么？

林木种子是林业生产的基本资料，但林木种子播种品质常因采种、加工、贮藏和运输等环节所采用的方法和时机的不同而存在很大的差异。林木种子播种品质的好坏直接影响育苗的成败和苗木质量的好坏，甚至影响林木的生长发育。因此，开展林木种子播种品质检验，并通过林木种子质量分析，确定林木种子的使用价值，在林木种子经营中具有重要的实际意义。林木种子质量检验的目的包括以下方面：

（1）确定种子质量，评定种子等级，作为种子能否使用和定价的依据。

（2）作为确定播种量的依据。

（3）防止不合格的种子，特别是含水量不符合标准或感染病虫害的种子入库贮藏，提出控制种子质量的措施，保证种子贮藏运输的安全。

（4）掌握不同产地，不同林分和不同年度种子质量变化的情况，为种苗行业管理提供基本数据。

（5）了解种子质量变化情况和影响种子质量的原因，对种子的采收、加工、贮藏和运输等提出改进意见。

（6）作为林木种子执法的技术手段，打击不法分子出售假冒伪劣种子。

33. 林木种子标准有哪些?

我国林木种子标准划分为四级，分别为国家标准、行业标准、地方标准和企业标准。

(1) 林木种子国家标准又分为强制性标准和推荐性标准。其中强制性标准包括:

《林木种子检验规程》(GB 2772—1999)、《林木种子质量分级》(GB 7908—1999) 和《主要造林树种苗木质量分级》(GB 6000—1999)。

推荐性标准包括:

《林木种子贮藏》(GB/T 10016—1988)、《林木采种技术》(GB/T 16619—1996)、《林木种质资源保存原则与方法》(GB/T 14072—1993)、《母树林营建技术》(GB/T 16621—1996)、《育苗技术规程》(GB/T 6001—1985)、《林木引种》(GB/T 14175—1993) 和《中国林木种子区》(GB/T 8822.1～8822.13—1988) 等。

(2) 林木种子行业标准包括:

《容器育苗技术》(LY/T 1000—1991)、《红花檵木苗木培育技术规程和质量分级》(LY/T 1631—2005)、《桉树无性系组培快繁技术规程》(LY/T 1770—2008)、《刺五加育苗技术》(LY/T 1653—2006)、《杨树速生丰产用材林主要栽培品种苗木》(LY/T 1195—1996)、《油茶 第1部分:优树选择和优良无性系选育技术规程》(LY/T 1730. 1—2008)、《油茶 第2部分:优良家系和优良杂交组合选育技术规程》(LY/T 1730. 2—2008)、《油茶 第3部分:育苗技术及苗木质量分级》(LY/T 1730. 3—2008)、《木本植

物种子催芽技术》(LT/T 1880—2010)、《杉木无性系扦插育苗技术规程》(LY/T 1885—2010)、《雪松绿化苗木质量分级》(LY/T 1890—2010)、《尾叶桉扦插繁育技术规程》(LY/T 1888—2010)、《麻竹扦插繁殖技术规程》(LY/T 1905—2010)、《雪松插播育苗技术规程》(LY/T 1889—2010)、《湿加松良种扦插繁育技术》(LY/T 1891—2010)和《落叶松扦插育苗技术规程》(LY/T 1892—2010)等。

(3)林木种子地方标准和企业标准包含的技术内容更加丰富,它们与行业标准和国家标准一起构筑了我国林木种子标准体系,规范和引导我国林木种子生产和使用的科学发展方向。

34. 什么是种子净度?测定种子净度有何意义?

种子净度,是指测定样品中纯净种子重量占测定后样品各成分重量总和的百分数。

净度测定的目的就是测定供检验样品中纯净种子、其他植物种子和夹杂物的重量百分率,据此推断种批的组成。品质优良的种子应该是目的树种的纯净种子。如果种子净度低,则不仅会降低种子的使用价值,而且会因为种子含夹杂物多而不利于种子贮藏运输,或者造成种子播种后杂草和病虫害蔓延。因此,通过测定了解种子净度,并采取适当的措施提高种子净度,在生产上具有重要实际意义。

35. 什么是种子含水量?测定种子含水量有何意义?

种子中的水分是维持种子生命活动的重要物质,只有在水的作用下，种子的代谢作用才能完成。但种子水分含量过高，会增强种子的呼吸作用，加速种子老化；容易遭受病菌侵染，造成种子发热霉变。对于需要保湿的种子，如果种子失水过多，也会导致种子死亡。为了确保种子的贮藏和运输安全，把种子含水量控制在一定的范围之内非常重要。所以种子含水量是种子质量的重要指标之一，需要适时测定。

种子含水量，是指种子所含水分的重量占种子总重量的百分率。测定含水量可为种子收购、安全贮藏和调运提供依据。收购时测定种子含水量，测定结果可作为定价的依据，同时也可在一定程度上判断种子是否充分成熟；入库贮藏前测定种子含水量，测定结果可用于确定种子是否符合安全贮藏的标准，只有符合标准的种子才适于贮藏，否则应进一步干燥；贮藏过程中测定种子含水量，是种子贮藏期间的重要管理工作，用于监测种子含水量的变化，防止种子变质。调运前测定种子含水量，根据测定结果采取相应的干燥和包装措施，以保证种子运输期间的安全。

36. 什么是种子发芽率？测定种子发芽率有何意义？

种子发芽率，是指在规定的条件和时间内长成的正常幼苗数占供试种子总数的百分率。室内测定一粒种子发芽，是指幼苗出现并生长到某个阶段，其基本结构的状况表明它是否能在正常的田间条件下进一步长成一株合格苗木。发芽测定就是人为创造最理想的环境条件，使种批潜在的发芽能力能够充分表现出来。最终目的是了解该种批适于播种的程度，并比较不同种批的使用价值。

发芽率是林木种子最重要的播种品质，林木种子播种价值的高低主要取决于种子的发芽率。测定种子发芽率对于确定合理的播种量、划分种子等级和确定种子价格等方面都有重要意义。

37. 什么是种子生活力?

种子潜在的发芽能力称为种子生活力。种子内部有生命的组织、无生命的组织及其他内含物对某些化学试剂有不同的反应。根据种子的这一特性，可以通过化学试剂染色反应的类型，判断种子潜在的发芽能力。生活力测定的优点是能在短时间内测定种子潜在的发芽能力。因此，可以通过生活力测定来快速估测种子样品的生活力，特别是休眠种子样品的生活力。

种子生活力概念常与种子发芽率和种子活力相混淆，三者表述的概念不同。种子发芽率，是指在规定的条件和时间内长成的正常幼苗数占供试种子总数的百分率。种子生活力，是指种子生命的有无，即成活度。而种子活力却具有更广泛的含义，它不仅涉及种子生命的有无，更重要的是要显示在不同环境条件下成苗的能力。

38. 什么是种子千粒重?

千粒重是种子品质的重要指标之一，通常指气干状态下 1000 粒纯净种子的重量，以克（g）为单位。千粒重能反映种子的大小及饱满程度，是计算田间播种量的依据之一。同一树种的种子千粒重越大，种子内含有的营养物质也就越多，其中的空粒也就可能越少。通常，千粒重大的种子播种后，苗木长势好于千粒重小的种子。

通过种子千粒重可以计算每千克种子包含的种子数量，两者具有负相关关系，种子千粒重大则每千克种子包含种子数量少；反之，种子千粒重小则每千克种子包含种子数量多。

39. 什么是种子活力？

种子活力，指在广泛的田间条件下，决定种子迅速整齐出苗和长成正常幼苗的潜在能力。种子活力即种子的健壮度，是种子发芽和出苗率、幼苗生长的潜势、植株抗逆能力和生产潜力的总和，是种子品质的重要指标。种子活力是一项综合性指标，仅靠单一活力测定指标还难以评价种子活力水平和健壮度，但为了表征种子活力的高低，常利用种子发芽率、种子生活力或种子电导率、幼苗抗逆性等指标间接表现种子活力的高低。

种子活力主要决定于种子的遗传性、种子发育成熟程度以及贮藏期间的环境因子等。遗传性决定种子活力强度的可能性，发育程度决定活力程度表现的现实性，贮藏条件则决定种子活力下降的速度，通常情况下，高温高湿常导致种子不耐贮藏，种子活力下降速度较快。

40. 什么是种子的真实性？

种子真实性，是指一批种子所属品种、种或属与文件（品种说明、标签等）是否相同，是否名符其实。

种子真实与否对农林业生产具有重要影响，假冒种子所造成的损失涉及人力、物力和财力。我国严控假冒种子生产和销售，因此，对于种子真实性鉴定工作历来重视。

41. 什么是林木种子软X射线检验?

软X射线检验是利用软X射线能穿透林木种子，并在感光材料上形成种子内部结构图像的特点，用以判别种子的饱满程度。如果应用衬比技术，则可以测定种子潜在的发芽能力。

软X射线检测的优点是检测速度快，无损，能分辨饱满粒、空粒、机械损伤粒、虫害粒等，特别适于检测新鲜种子，在种子科学研究中也有重要作用；其不足之处是技术和设备都较为复杂，在基层推广有一定的困难。

X射线测定林木种子生活力可以分为两部分：一部分是直接射线摄影法；另一部分是衬比射线摄影法。应用直接射线摄影法可以检测林木种子的发育状况和饱满程度，还可以检测种子受机械损伤、虫害等情况。用该法判断新鲜种子的生活力，具有很高的准确性，但对于陈种子或老化的种子，则该法有一定局限性。X射线衬比法的依据是生物膜具有选择透性，种子的死亡组织由于丧失了选择透性的能力，被衬比剂浸渗。因为衬比剂能强烈吸收X射线，因而被浸渗的组织在射线照片上呈现密度反差，根据种子浸渗程度，可以确定种子潜在的发芽能力。目前可用作X射线衬比法的衬比剂有三类：一类是液态衬比剂，如$BaCl_2$，KI，NaI，KBr，$NaNO_3$等；第二类是气态衬比剂如$CHCl_3$等；第三类是水。用水作衬比剂有其独特的优点，因为水在自然界广泛存在，对种子无生理伤害。用水作衬比剂的原理是，种子在培养过程中充分吸水，然后进行干燥，这时有生活力与无生活力的种子持水能力存在很大差异。生活种子保持水分能力很强，失水慢；死亡种子则相反。由于水对 X 射线的吸收能力很强，因而生活种子与死亡种子含水量的差异能在射线照片上形成反差。据此可以测定种子的发芽能力。

42. 什么是种子优良度？

种子优良度，指优良种子占供试种子的百分数。优良度测定的目的就是在收购种子时，根据种子外观和内部状况尽快鉴定出种子质量，从而确定种子的使用价值和价格。对休眠期长、又无快速方法测定发芽率和生活力的种子，也可采用优良度测定。如杜松、竹柏、圆柏、红豆杉、元宝槭、锥栗、板栗、红椎、山楂、白蜡、皂荚、女贞、苦楝、麻栎、乌桕等种子可采用优良度测定。

种子优良度检测方法具有操作简单、省时省力的优点，但判断结果常受到主观因素的影响，对检测人员的技术要求较高。

43. 林木种子质量证书应填写什么内容？

林木种子调拨前，必须进行种子质量检验，填写种子质量检验证书。林木种子质量证书各项数据反映该批次种子的质量水平，是对种子质量评价结果的总结性表述。

种子质量证书填写的内容包括：送检单位、树种名称、种子产地、样品编号、样品重量、种子含水量、净度、发芽率（或生活力、优良度）、检验时间、检验员、检验机

构、检验证编号等。

苗木

44. 什么是苗木质量?

苗木质量，是指苗木在其类型、年龄、形态、生理及活力等方面满足特定立地条件下实现造林目标的程度。因此苗木质量是对使用地点的立地条件和经营目的而言的。由于苗木质量是影响造林成活率的关键因素之一，因此，生产中我们要尽量使用质量较好的苗木。并且质量较好的苗木还表现出生命力旺盛、抗性强、栽植成活率高、生长较快等特点。苗木质量的涵义很广，难以用某一个指标全面衡量。现在主要用形态指标、生理指标和苗木活力的表现指标来评价苗木质量。

45. 苗木质量检验的目的是什么?

苗木质量检验主要是为了向消费者说明苗木的质量状况，避免因苗木质量较低所产生的损失。通过苗木质量检验还可以确定育苗过程中所采用的栽培措施、苗木处理方法是否恰当，是否做到了适地适苗。另外，苗木质量检验结果还可以用于确定起苗时间和苗木的贮藏措施等。

46. 评价苗木质量的形态指标有哪些?

苗木质量的评价指标有很多，一般苗木质量的评价主要是根据苗高、地径和根系状况等形态指标来进行。形态指标是苗木内部生理状况的外在表现。虽然外形粗大的苗木不一定能够保证造林成活，但在生理指标相同的情况下，形态指标高的苗木生长会更旺盛。同时，形态指标具有直观、易操作等特点，故生产上应用较多。但形态指标只能反映苗木的外部特征，难以说明苗木内在生命力的强弱。

47. 评价苗木质量的生理指标有哪些?

自20世纪80年代以来，苗木质量评价研究有了较快发展，苗木生理指标和苗木活力的表现指标等成为评价苗木质量的重要方面。苗木的形态指标虽然比较直观，但在许多情况下，苗木内部生理状况已发生了很大变化，但外部形态可能仍保持不变。因此人们评价苗木质量的注意力逐渐由形态指标深入到生理指标。评价苗木质量的生理指标很多，如苗木水势、碳水化合物贮量、苗木导电能力、根生长势、矿质营养、叶绿素含量、芽的休眠状况等。

48. 苗高对苗木质量有何影响?

苗高，是指苗木的高度，即地径所在处或地面到苗木顶芽的高度，如苗木还没有形成顶芽，则以苗木最高点为准，常用厘米（cm）来表示。苗高是最直观、最容易测定的形态指标。苗木高度并不是越高越好，虽然高的苗木有可能在遗传上具有一定的优势，然而为了避免造林后苗木的强烈分化，所以同一批造林苗木的大小以整齐为好，过高或过低的苗木都要淘汰。苗高指标能大概反映出苗木拥有叶片数量的多少，也就是能体现光合能力和蒸腾面积的大小，因此苗高能从一个侧面反映苗木的生长量情况。但是苗高与造林成活率的关系并不紧密，苗木过高会影响造林后的成活。因此，不同树种存在着各自的适宜高度，如火炬松造林的合理高度是14～28cm，在这个范围内，苗木造林后的成活率较高，而且造林后树木的高生长也比较快。当然，各树种苗木的适宜高度要根据造林地的立地条件以及造林时间等因素来确定。一般是在保证造林苗木成活的前提下，苗木越高越好。

49. 地径与苗木质量有何关系？

地径，又称地际直径，指近地面土痕处苗木的粗度，常用厘米（cm）来表示。地径与苗木根系的发达情况和苗木抗逆性密切相关，与根系体积、苗木鲜重、干重等指标也有一定关系，因此在所有形态指标中，地径是反映苗木质量最好的指标之一。以往的研究表明，地径与造林成活率及成活后林木生长量成正比。当然，地径在提高成活率方面并不是无限制的，当地径增加到一定程度后，造林成活率的提高幅度趋缓，并且，过分粗大的苗木并不利于起苗、包装和运输等。因此地径也有一个适宜范围。

50. 什么是高径比？

高径比，是指苗木高度与地径粗度之比，由于是比值，故高径比的单位是1，它只是一个数值。一般高径比大，说明苗木较细较高，抗性也较弱，栽植成活率也相对低些。相反，高径比越小，苗木抗性越强，栽植成活率通常也高些。一般苗木高径比不能大于60，高径比在40～50范围内的苗木，栽植后成活率较高，幼林的高生长效果也比较好。

51. 苗木重量与苗木质量有何关系？

苗木重量，是指苗木干重或鲜重。鲜重指标较易测定，但此指标受含水量的影响较大，故不易获得稳定而且可靠的数据。苗木干重则可排除含水量的影响，所得结果也稳定、可靠些，所得到的结果相互比较的可靠性也高些。并且苗木生长量的大小，主要看其营养物质积累的多少，因此干重指标能反映苗木体内营养物质的积累状况，苗木越重，苗木质量也越好。一般干重指标表示造林成活率和生长量方面，其可靠程度与地径指标相近。另外，苗木重量可以是苗木的总重，也可以是苗木各部分的重量，如地上部分重量、地下部分重量等。

52. 苗木根系与苗木质量有何关系？

根系是植物的重要器官，造林后苗木能否迅速生根是决定造林是否成活的关键。另外，根系作为苗木与土壤接触的器官，对苗木的生长过程以及造林成活率都有着重要影响。不良环境条件下，根系首先感应并迅速发出信号，使整个植株对环境胁迫做出反应，同时根系的形态结构，化学成分的数量和生物质量也发生相应变化，并最终影响到地上部分的形态建成。因此根系与苗木对外界环境的抵抗能力有着极其密切的关系，苗木根系的情况和不良条件下根系的变化情况，对判断苗木抵抗不良环境能力的大小以及解决造林成活率低等问题都有重大的意义。

53. 什么是茎根比？

茎根比，是指苗木地上部分与地下部分重量之比，有

时也可指两部分的体积比，此指标主要用来反映苗木根、茎两部分的均衡程度，也能在一定程度上反映苗木水分、营养物质代谢的平衡状况。苗木的茎根比小，说明根系发达，地下部分吸收量较大，而地上部分蒸腾量较小，有利于造林后苗木体内的水分、营养物质保持平衡，这对提高苗木的造林成活率是非常有必要的。由于茎根比指标在一定程度上反映了苗木的这种平衡关系，因此这一指标能较好地反映苗木的质量状况。同地茎指标一样，苗木的茎根比也有一定的适宜范围，如火炬松适宜的茎根比（干重）约为1.7～2.2。另外，还要注意，在使用茎根比指标时，要考虑苗木的大小，一般以苗高为基础，因为茎根比指标会随苗木个体大小的不同而发生变化，因此茎根比指标要求在苗木个体相近的情况下，再比较茎根比的大小，否则此结果没有意义。

54. 苗木顶芽与苗木质量有何关系？

我国现行的苗木标准中，苗木等级的划分时首先需要根据综合控制条件来判断该苗木是否合格。综合控制指标的内容较多，其中一个指标是指顶芽的发育状况。标准中规定：那些萌芽力弱的针叶树种，如油松和樟子松等，在自然越冬之前，需达到顶芽发育饱满、健壮的要求。用顶芽的发育情况反映苗木质量，是由于顶芽越大，芽内所含的叶原基数量就越多，第二年苗木的生长量也就越大。因此，顶芽的发育情况是判断对萌芽力弱的针叶树种苗木生长潜力非常重要的指标。但对阔叶树和某些萌芽力强的针叶树种，如油茶、侧柏、湿地松等，顶芽有无对苗木质量的影响不大。

55. 什么是苗木质量指数？

单一的形态指标常常只能反映苗木质量的某一个方面，而苗木各部分之间的协调和平衡对造林成活和苗木初期的生长有重大影响，因此人们试图用多指标的综合指数来反映苗木质量，这样就产生了苗木质量指数（QI）指标，具体计算公式为

$$\text{QI}=\frac{\text{苗木总干重(g)}}{(\text{苗高 cm/地径 mm})+(\text{茎干重 g/根干重 g})} \quad (1\text{-}1)$$

由式（1-1）可见，如果苗木的高径比、茎根比越小，总干重越重，则其 QI 值就越高，苗木质量也就越好。

56. 苗木水分状况对苗木质量有何影响？

水分是苗木生命活动不可缺少的物质，木本植物体内的水分含量至少占其鲜重的 50%以上。由于苗木体内的代谢活动只有在水的参与下才能正常进行，因而苗木生命活动的强弱很大程度上取决于苗木体内的水分状况。大量理论研究和实践证明，造林后苗木死亡的一个重要原因就是苗木体内的水分失调。因此水分是反映苗木质量的重要生理指标之一，苗木体内的水分状况可以用含水量和水势等指标来反映。

57. 什么是苗木活力？

苗木被栽植在特定（最适宜生长）环境条件下使其成活和生长的能力即为苗木活力。前面提到的苗木各种形态指标和生理指标皆为苗木活力的各种表现，然而任何单一

的指标都不能完全反映苗木的活力即苗木的形态和生理情况。

58. 苗木分级的标准是什么?

凡是出圃用于造林的苗木必须达到国家标准《主要造林树种苗木》(GB 6000—1985)规定的合格苗木的要求。合格苗木主要以综合控制条件、苗高、地径、根系指标来确定。苗木分级时首先看综合控制指标，此指标达不到要求的，为不合格苗木。达到要求者，再以根系、地径和苗高三项指标来进行分级。

合格苗木需要达到的综合控制条件为：无检疫病虫害，苗干通直，色泽正常，萌芽力弱的针叶树种顶芽发育饱满、健壮，苗木充分木质化，无机械损伤等。分级时，首先看根系指标，以根系所达到的级别确定苗木的级别，如根系达到Ⅰ级苗的要求，该苗木可能为Ⅰ级或Ⅱ级；如果根系只达到Ⅱ级苗的要求，则该苗木最高也只能为Ⅱ级苗。对根系已达要求的苗木再根据地径和苗高两个指标进行分级。根据此分级规则，将苗木分级为Ⅰ级和Ⅱ级。不合格苗可先留圃或移栽培育1年。苗木的出圃分级工作必须在庇荫背风处进行，分级后的苗木需做好等级标志。

容器苗出圃规格应根据树种、造林立地条件等确定。出圃苗除符合附录3《主要树种容器苗质量分级表》的规定外，还必须具备下列条件：根系发达，容器不破碎，并形成良好根团，苗木长势好，苗干直，无机械损伤，无病虫害。休眠期出圃的针叶树苗木应有顶芽，并充分木质化。

59. 如何鉴别实生苗与嫁接苗？

实生苗是直接由种子繁殖的苗木，因此实生苗具有生长旺盛、根系发达、寿命较长等特点。由于种子作为繁殖材料来源丰富，成本低廉，因而实生繁殖迄今仍是植物栽培中最主要的育苗方法。

嫁接苗是将某一品种的枝或芽接到另一植株的枝干或根上，接口愈合后所长成的苗木。嫁接繁殖能保持母树的优良性状，适应性强，结实年龄也早些，在果树栽培上普遍应用。

实生苗和嫁接苗的鉴别主要从接口上进行区别，各种嫁接苗在接口处一般都有愈伤组织存在，尤其是当年新嫁接的苗木表现更为突出，而实生苗则不会有愈伤组织。另外，也可从叶片上进行区别。以油茶为例，嫁接苗的叶片大多较小，叶色较浅，而实生苗的叶片则较大，颜色也较深。

60. 苗木质量证书应填写哪些内容？

苗木质量证书应填写树种（或品种）名称、苗龄、繁殖方式、繁殖材料（种子、穗条等）的来源、苗圃土壤、作业方式、本批苗木数量、各等级苗木数量、苗木是否检疫、起苗日期、检验人员等相关信息。

实用方法与技巧

61. 采集林木种子应注意哪些问题?

种子的采集是林木种子经营工作的中心环节，这项工作直接关系到种子的产量和质量。所以，在种子采集前，要做好调查研究，选好母树，准备人力、物力，适时、科学采种。采集林木种子的过程中，应做好以下工作：

（1）选择母树。林木的干形、材质、木材生长量和果实品质等，在一定程度上都受遗传性影响，只有选择优良母树采种，才能培育优质苗木。选择优良母树采种，是一项最经济、最有效的营林措施。优良母树应从种子园、母树林和优良林分中选择。

（2）选择采种时间。为了获得优质高产的种子，必须选择恰当的采种时间。采种过早，种子没有完全成熟，品质低劣，不耐贮藏；采种过迟，种子脱落飞散，或遭鸟兽危害，采不到种子，丰产不能丰收。为了做到适时采种，应正确判断种子的成熟时间，根据种子的成熟程度和脱落特点，确定采种时期。

（3）做好准备工作，确保人员安全。采种前准备好高枝剪、采种刀、采种钩镰、软梯、折叠梯、绳索、箩筐等必备工具。采种时落实安全措施，确保人员安全。采种后认真填写采种登记表，记录采种时间、采种地点、采种人员、母树状况等基本信息。

62. 如何加工和调制林木种子?

林木种子加工调制是指采种后对种实采取各种技术措施，以取得纯净、适于贮藏、运输和播种的优质种子。林木种子加工调制的内容包括脱粒、清选和干燥等。

(1) 种实脱粒。林木种子加工调制的第一道工序是脱粒，生产中，不同树种种实的脱粒方法不同。

①球果类的脱粒。球果类的脱粒首先要经过干燥，使球果的鳞片失水后反曲开裂，种子即脱出。干燥球果的方法有自然干燥法和人工干燥法。油松、侧柏、杉木、柳杉、湿地松和落叶松等球果鳞片容易开裂的树种均宜采用自然干燥法脱粒。马尾松球果鳞片不易开裂，可采用人工干燥法脱粒。

②干果类的脱粒。干果类包括坚果、翅果、荚果和蒴果等。干果类的脱粒是使果实干燥，清除果皮、果翅，取出种子和清除各种碎枝、残叶、泥石等混杂物。干果类的脱粒方法因种实含水量的高低而不同。安全含水量高的种子一般用阴干法，如白玉兰、乐昌含笑等。而安全含水量低的种子可直接置太阳下晒干，如刺槐、杉木、马尾松等。

③肉质果的脱粒。肉质果类包括浆果、核果、聚花果以及浆果状的球果等。这类果实果皮系肉质，含有较多的果胶和糖类以及大量水分，容易发酵腐烂，所以采种后必须及时脱粒。通常将果实捣烂后用水淘洗并取出种子，再把已去掉果皮、果肉和渣滓等的种子，摊在干净的铺垫物

上阴干，当达到适宜的含水量时即可贮藏待用。

(2) 种子清选。种子清选就是除去混杂在种子中的鳞片、果皮、果柄、枝叶碎片、空粒、土块和异类种子等，其目的是提高种子的净度。根据种子和夹杂物相对密度、大小的不同，可分别采用风选、筛选和水选的方法进行种子清选。

(3) 种子干燥。刚采收或加工出来的种子含水量较高，通常在12%以上。含水量过高，意味着种子中存在大量的游离水，种子的呼吸作用较强，种子贮藏过程中会释放出大量的热量和水分，从而引发种子霉变。对正常性种子来说，贮藏的安全含水量通常为8%～10%以下，因此，种子在入库前必须充分干燥。

63. 如何对种子进行包装？

林木种子包装必须遵循以下原则：

(1) 包装材料必须适应林木种子的生理特性，坚固、耐用、清洁，重复利用的必须杀虫、灭菌。包装要便于搬运、堆放、清点，便于装入、倒出、取样。

(2) 不耐压的种子用硬质容器盛装。

(3) 干藏种子可用麻袋、布袋、聚丙烯编织袋盛装，需要密封防潮时应内加聚乙烯袋。

(4) 湿藏种子可混湿沙、苔藓或锯末等保湿材料，用筐、篓等通气性能好的容器盛装。

(5) 同批种子应使用同一类型容器，各容器内的种子重量相等。

64. 如何做好种子贮藏期间的管理？

种子贮藏期间的管理包括保持库房环境的干燥和低温，监测种子品质的变化及种子进出库的账目管理等。

（1）种子贮藏期间，库房要保持有利于种子贮藏的干燥和低温等环境条件。当外界温湿度均低于室内时，可以采用通风的方式降湿散热。夏季高温多雨季节，则应通过制冷和除湿设备来降温除湿。

（2）种子贮藏期间，应定期对种子品质进行检验，掌握种子质量变化的情况，对种子质量明显下降的种批，及时提出处理意见。除做品质检验外，还应及时监测种子是否发热、遭受病虫或鼠雀危害，发现问题及时处理。

（3）种子贮藏期间的进出库账目必需与实物相符。库存的中小粒种子允许一定的自然损耗率，但贮藏 3 个月以内者不得超过 0.5%；贮藏时间在 6 个月以内不得超过 1%；贮藏时间在 18 个月以内不得超过 1.5%；贮藏时间在 18 个月以上者不得超过 2%。

65. 林木种子质量检验有何程序？

开展林木种子质量检验工作，必须按一定程序进行，才能保证检验工作科学、公正、可靠和高效。当一批种子需要进行检验时，应按以下程序开展工作（见图 1-1）：

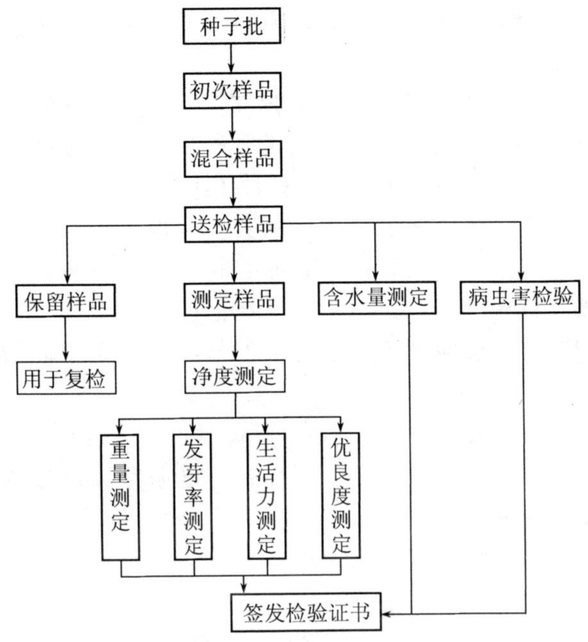

图 1-1　林木种子质量检验程序

66. 如何测定种子净度?

净度测定的关键是将纯净种子、其他植物种子和夹杂物区分开来，这一看似简单的问题，因为自然界植物种类繁多，不同植物种子形态和结构千差万别而变得复杂。因此，在做净度测定之前，首先应掌握纯净种子、其他植物种子和夹杂物的区分标准。

(1) 纯净种子。纯净种子包括:

①送检者陈述的种或分析中发现的主要种的种子，是完整的、未受伤的、发育正常的种子，发育虽不完全的种

子和不能识别出的空粒；虽已破口或发芽但仍具有发芽能力的种子。

②带翅的种子中，凡加工时种翅容易脱落的，其纯净种子是指除去种翅的种子；加工时种翅不容易脱落的，则不必除去，其纯净种子包括留在种子上的种翅。

③壳斗科纯净种子是否包括壳斗，取决于各个种的具体情况：壳斗容易脱落的不包括壳斗；难于脱落的包括。

④复粒种子中至少含有一粒种子。

（2）其他植物种子。分类学上与纯净种子不同的其他植物种子。

（3）夹杂物。

①能明显识别的空粒、腐坏粒、已萌芽因而显然丧失发芽能力的种子。

②严重损伤（超过原大小一半）的种子和无种皮的裸粒种子。

③叶片、鳞片、苞片、果皮、种翅、壳斗、种子碎片、土块和其他杂质。

④昆虫的卵块、成虫、幼虫和蛹。

测定净度时，应将测定样平铺在干净、光滑的净度分析台面上，按照上文的区分标准仔细区分出纯净种子、其他植物种子和夹杂物三种成分，并分别称重。如果送检样品中混有较大的或多量的夹杂物，要在称重测定样品以后、分析之前进行必要的清理，并称重。

种子净度用式（1-2）来计算：

$$\text{净度}=\frac{\text{纯净种子重}}{\text{纯净种子重}+\text{其他植物种子重}+\text{夹杂物重}}\times 100\% \tag{1-2}$$

67. 如何测定种子含水量？

水分在种子体内以游离水和结合水这两种状态存在。只有将种子加热到100℃～103℃时，才能把结合水彻底排除。因此，种子含水量测定时通常将种子样品加热至相应温度，并保持一定时间，以使得种子水分完全从种子中散失，以种子样品重量之差来计算含水量。

种子含水量测定方法可以分为三类，即烘箱烘干法、电子仪器法和甲苯蒸馏法。其中烘箱烘干法是最可靠和最常用的种子含水量测定方法；电子仪器法是快速测定种子含水量的方法，适合于在种子收购现场应用；甲苯蒸馏法是针对含有挥发性物质种子而设计的一种方法，适用于一些特殊类型的种子。现简要介绍烘箱烘干法测定种子含水量的过程。

（1）低恒温烘干法（103℃）测定程序：

称取种子样品（直径等于或大于8cm的种子10g，直径小于8cm的种子4g～5g）两份→分别置于烘至恒重的样品盒内并准确称重→将含种子的样品盒放入（103±2)℃烘箱内→烘干（17±1）h后取出置干燥器中→冷却后称重→结果计算并核对允许误差。

（2）高恒温烘干法（130℃）测定程序：

称取净种子样品（直径等于或大于8cm的种子10g，直径小于8cm的种子4g～5g）两份→分别置于烘至恒重的样品盒内并准确称重→将含种子的样品盒放入130℃～133℃烘箱内→烘干1h～4h后取出置干燥器中→冷却后称重→结果计算并核对允许误差。

高恒温烘干法的具体烘干时间需与低恒温法相对照来确定。

种子含水量用式（1-3）计算：

$$含水量=\frac{M_2-M_3}{M_2-M_1}\times 100\% \tag{1-3}$$

式中，M_1——样品盒和盖的重量，g；

M_2——样品盒和盖及样品的烘前重量，g；

M_3——样品盒和盖及样品的烘后重量，g。

68. 如何测定种子发芽率？

发芽测定必须在最适宜供试种子萌发的条件下进行。种子发芽的必需条件是水分、温度、氧气和光照。

1）水分。水分是种子发芽的必要条件。发芽用水应当为中性（pH6.5～7.0），不含酸、碱或其他杂质。种子发芽盒（或床）要保持湿润，但水分过多又会阻碍氧气进入种子，抑制种子呼吸。一般发芽基质的水分以不使种粒周围形成水膜为宜，其含水率应是饱和含水率的60%～70%，空气相对湿度应保持在90%～95%。

2）温度。一般种子发芽所能适应的温度范围都比较宽，有的树种甚至在一定范围内的不同温度下发芽并无显著差别。不过，多数树种都会有一个最适宜的温度，如同为桉属树种，大叶桉为20℃，柠檬桉为25℃，赤桉为30℃。多数种子的发芽最适温度在25℃左右，或在20℃～30℃之间。

目前规定的发芽测定温度大致分为两类，一类是恒温，另一类是变温。多数林木种子发芽测定使用的是恒温，如25℃或30℃。有些树种则规定采用变温，例如20℃～30℃

的变温，以模拟昼夜交替的温度变化，有利于种子发芽。采用变温时，每昼夜有16h给予较低温度，8h给予较高的温度。

3）通气。种子发芽时由相对静止状态转入活跃状态，呼吸强度大大增加，种子需要吸收氧气，并放出二氧化碳。如果通气不良，种子周围的二氧化碳积累量达到17%时会抑制种子发芽，当二氧化碳积累到35%时，种子就会因窒息而死亡。因此，种子发芽时要保持良好的通气状态，及时排出二氧化碳。

4）光照。除非确已证实某个树种的发芽会受到光抑制，否则发芽测定时，每天应给予8h的光照，使幼苗长势良好，不容易遭受微生物侵害。松属、冷杉属、云杉属、桦木属、赤杨属、白蜡和青桐属等种子，在光照下有促进发芽的效果，对这种类型的种子更应给予光照条件。种子萌发前忌光的种子，可播于疏松而平整的细沙之上，并用10mm～20mm的细沙覆盖。

发芽测定应在专门的实验室完成，需要有发芽箱（人工气候箱）、发芽盒和发芽基质等基本仪器设备。发芽测定的具体方法与步骤如下：

1）测定样品的提取。发芽测定所需样品应从净度测定后的纯净种子中提取。首先用四分法将种子分成四份，从每份中随机提取25粒组成100粒。共取四个100粒，即为四个重复。种粒大的可以50粒或25粒为一个重复。特小粒种子用称量发芽法测定发芽率，通常每0.1g～0.25g为一个重复。

2）测定样品的预处理：发芽测定前种子是否需要预处

理，用什么方法处理，这取决于被测定种子的基本特性，同时也受种子质量情况的制约。

没有休眠特性的种子，如杉木、马尾松、黑松、赤松、云南松、油松、水杉、落叶松等，通常只需要温水浸种即可，甚至可以不经处理直接置床。

胡枝子、相思树、黑荆树、凤凰木、格木、紫荆、皂角、刺槐和紫穗槐等林木种子，因种皮致密而不透水、难于发芽，可以用酸蚀或热水浸种的方法进行预处理。

具有内源性休眠特性的种子，如红松、铅笔柏、椴树、青钱柳、枰榧树、槭树属种子、木兰科种子、冬青属种子等，发芽测定之前应采取低温层积处理，以打破休眠，促进萌发。

为了避免发芽测定中种子受病菌感染，应对发芽盒、发芽床、发芽基质等器具进行消毒处理，处理的方法有高温灭菌、消毒液清洗等。另外，发芽测定用水要保证清洁干净，最好用无菌水。发芽室的空气也应该干净，以最大限度减少外源病菌感染的可能性。值得注意的是，有的种子本身带有病菌，发芽测定前是不应该将这些病菌杀灭的，因为这代表该种批的真实情况。另外，种子易感染病菌也可能是活力低的一种表现。所以，发芽测定用的种子样品是不宜消毒处理的。

3）置床。置床就是将经过预处理的种子放置于发芽基质上。视树种而不同，常用的发芽基质有脱脂棉、滤纸和细沙等。目前盛放种子的器具有发芽盒和发芽板等。

通常每个发芽盒能整齐地摆放 100～200 粒（种粒大时可为 50 粒或 25 粒）种子。种粒之间保持的距离以相当于种粒本身的1～2倍为佳，以减少霉菌蔓延感染，避免发芽的幼根相互缠绕。发芽种粒的排放应有一定规律，以便计算并减少错误。种子摆放妥当后，要将样品登记表的号数、重复号、树种和置床日期用铅笔简要地填写在一张小标签上，并将小标签分别贴在发芽床或发芽盒的不易损坏的地方，例如发芽盒的盒壁上，以免引起差错。

4）发芽测定的管理和观察记载。发芽测定的情况要定期观察记载，特别是胚根突破种皮以后，更应密切关注种胚的生长发育情况。除观察记载外，对发芽环境的监控和管理也非常重要，否则，发芽测定可能失败。

①管理

a. 经常检查发芽环境的温度，仪器的温度同预定的温度相差不能超过±1℃。

b. 保持发芽床的水分。水分不足时应及时加水，但水分也不能过多，用指尖轻压发芽床（指纸床），如指尖周围出现水膜，或者种粒四周出现水膜，都表示水分过多。另外，各重复之间的水量应力求一致。

c. 种子发芽需要足够的氧气，并会释放出大量的二氧化碳。有盖发芽盒的缺点之一就是通气不良，应当经常揭开盖子使发芽盒充分换气。

d. 如果种子感染了霉菌，应将被感染了的种子取出（不要使它们触及健康的种粒），用清水冲洗数次，直到水无混浊再放回原发芽床。发霉严重时，整个发芽床都要更换。这些情况在发芽记录表中应有所记述。

②观察记载。发芽测定情况要定期观察记载。为了更好地掌握发芽测定的全过程，最好每天作一次观察记载。

至少在规定的初次计数和末次计数日必须有记载。如果需要计算平均发芽时间、发芽指数等指标，则必需每天记录发芽数目。

③发芽测定的持续时间。发芽测定的持续天数因树种而异，通常为21～28天。如果确认某样品已达到最高发芽率，也可在规定的时间以前结束测定。如到规定的结束时间仍有较多的种粒萌发，也可酌情延长测定时间。

④发芽结束后未发芽种粒的分析与记载。发芽测定结束后，应对未发芽种粒逐一解剖鉴定，以确定种子未发芽的原因。未发芽种粒主要有新鲜粒、硬粒和死亡粒等，根据要求还可以记载空粒、涩粒、无胚粒和虫害粒等，其判断标准如下：

a. 新鲜粒：在测定条件下能够吸水但发芽进程受阻，种粒外形结构依旧良好，坚实硬朗，仍然具有生出正常幼苗潜力的种子。

b. 硬粒：在测定条件下未能吸水，测定结束时仍保持坚硬的种子，是种子的一种休眠形态，常见于豆科种子。

c. 死亡粒：测定结束后，既非硬粒，又非新鲜粒，又未萌发出幼苗任何结构的种子，通常包被物极软、变色、发霉且毫无长成幼苗的征兆。

d. 空粒：完全空瘪或仅具有某种残遗组织的种粒。

e. 涩粒：种粒内没有胚和胚乳，仅有紫黑色的单宁类物质，多见于杉木、柳杉。

如果发芽测定结束后新鲜粒或硬粒超过5%，则应分析这些种子未发芽的原因，通过四唑染色、离体胚法或X射线衬比法测定，判断这些种子是否具有生活力。如果新鲜粒或硬粒过多，则应对这些种子采取恰当的预处理措施，并重新布置发芽测定。

测定结束后，根据式（1-4）计算发芽率：

$$发芽率=\frac{n}{N}\times100\% \tag{1-4}$$

式中，n——在规定条件下，规定时间内的生成正常幼苗的种粒数；

N——供试种子总数。

69. 如何测定种子生活力？

种子生活力测定因利用的原理不同而有多种方法，但最常见和最可靠的方法是四唑染色法和靛蓝染色法。

四唑是2,3,5-三苯基氯化四唑的简称，也称TTC。四唑为白色粉末，其水溶液本身无色，当被种子吸收之后，活细胞内的脱氢酶可将其还原成稳定且不扩散的红色物质甲臜，从而使种子中有生命的部位染成红色，而无生命的部位不染色。根据染色的部位及分布状况，可判断种子的生活力。凡种胚染成红色者为有生活力；未染成红色者，种胚活细胞已死亡，为无生活力。如种胚一部分未染色，则需要视胚、胚乳染色的位置和大小来判断种子有无生活力，这需要有经验的种子检验员来判读。

四唑染色法的优点是可靠性高，反应速度快，是目前应用最广泛的种子生活力测定方法。应用四唑图形法不仅可以用来检验种子的生活力，而且可以用来测定种子活力。四唑染色法的不足之处是药品较贵，有时甚至难以买到。

四唑染色法的步骤为：

（1）测定样品取样。从纯净种子中随机数取4×100粒种子作为生活力测定样品；

（2）种子预处理。

①去除种皮：较易剥掉种皮的种子，可用始温30℃～45℃的温水浸种24h～48h，每日换水，如杉木、马尾松、湿地松、火炬松、油松、黄山松、米老排、安息香、黄连木、杜仲等。硬粒种子如刺槐、任豆、南洋楹、银合欢等可用始温80℃～85℃的热水浸种24h～72h，每日换水。换热水前，注意挑出已软化种皮的种子。种皮致密坚硬的种子，如孔雀豆、台湾相思、黑荆树、黑格、白格和漆树等，可用98%的浓硫酸浸种20min～60min，充分冲洗，再用温水浸种24h～48h，每日换水。

②切除部分种子：为了使染色试剂能顺利渗透进入种子，提高染色效果，对一些透性较差或种粒较大的种子，常采用切除部分种子的办法。

a. 横切：为使四唑溶液均匀浸透，可以在浸种后将种子位于胚根相反方向的一端切去三分之一。如女贞属树种的种子就可以采用这种方法。

b. 纵切：许多树种，如松属和白蜡属树种的种子，可以纵切后染色。即在浸种后，沿平行于胚的方向将种子纵向切开，切口应偏离中轴线，以免伤胚。

c. 取“胚方”：板栗、锥栗、核桃、银杏、七叶树等大粒种子，难以将整粒种子染色，取“胚方”染色是一个可行的方法。取“胚方”是指经过浸种的种子，切取大约$1cm^3$包括胚根、胚轴和部分子叶（或胚乳）的方块。用“胚方”染色的结果来说明整粒种子的生活力。所以，“胚方”应具有代表性。

（3）染色前处理。种胚取出后放在潮湿的吸水纸或纱布上，用盖子盖好，以免种胚失水丧失生活力。取胚时随时记下空粒、腐烂粒、感染病虫害粒以及其他明显丧失生活力的种子，分别记入生活力测定记录表中。

（4）染色。将种仁放入烧杯，并加入四唑溶液（浓度为0.1%～0.5%），使溶液淹没种仁，上浮者要压沉；将烧杯置于黑暗处，保持30℃～35℃，染色时间因树种和条件而异，一般种子染色时间为8h～12h；

（5）判读。染色结束后，沥去溶液，用清水冲洗，将种仁摆在铺有湿滤纸的发芽皿中，进行鉴定；根据染色的部位、染色面积的大小和染色程度，逐粒判断种子是否具有生活力。

（6）种子生活力。用式（1-5）计算：

$$\text{种子生活力}=\frac{\text{有生活力种子数}}{\text{供试种子数}}\times 100\% \quad (1\text{-}5)$$

70. 如何测定种子千粒重？

种子千粒重的测定方法有百粒法、千粒法和全量法。其中最常用的是百粒法。

百粒法测定千粒重的步骤为：

（1）测定样品的提取。把净度测定所得的纯净种子铺在光滑洁净的桌面上，用四分法或随机原则的其他方法提取所需数量的样品。为了保持取样的随机性和准确性，数粒时，可将种子每5粒放成一小堆，共20小堆为一个重复。或将种子每10粒组成一小堆，共10小堆为一个重复。每次抽取的种子样品为100粒，重复八次。

（2）称量。将随机抽取的八个100粒种子分别称量，并记下读数。

(3) 计算千粒重。根据八次重复的重量计算平均重量、标准差及变异系数，公式见式 (1-6) ～式 (1-9)。

$$各重复的平均重量=\sum X/8 \tag{1-6}$$

$$标准差(s)=\sqrt{\frac{n(\sum X^2)-(\sum X)^2}{n(n-1)}} \tag{1-7}$$

式中，X——各重复重量，g；

n——重复次数；

$\sum$——求和。

$$变异系数=(s/x)\times 100\% \tag{1-8}$$

式中，s——标准差；

x——100 粒种子的平均重量。

$$千粒重=x\times 10 \tag{1-9}$$

(4) 测定误差检查。种粒大小悬殊的种子，变异系数不超过 6.0，一般种子的变异系数不超过 4.0，即可按 8 个重复计算测定结果。如果变异系数超过上述限度，则应再数取 8 个重复，并计算 16 个重复的平均数和标准差。凡与平均数之差超过二倍标准差的各重复略去不计。剩余重复的平均重量乘以 10 ($10\times X$)，即为种子的千粒重。

71. 如何测定种子活力?

种子活力测定方法可分为直接法和间接法两种。

直接法，是指在检验室条件下模拟田间不良条件测定田间出苗率的方法，如低温处理是模拟早春播种期的低温条件，砖砂试验是模拟田间板结土壤或粘土地区条件。

间接法，是指在检验室内测定与田间出苗率（活力）相关的生理生化指标，如浸泡液电导率、加速老化试验等。

国际种子检验协会推荐了 2 种种子活力测定方法，分别为电导率测定和加速老化试验；同时，该协会还建议了 7 种活力测定方法，包括冷冻测定、低温发芽试验、控制劣变试验、综合逆境活力测定、砖砂试验、幼苗生长测定和四唑测定。

北美官方种子分析者协会将种子活力测定方法划分为 3 种类型：逆境测定（加速老化试验、低温试验、冷发芽试验）；幼苗生长和评定试验（幼苗活力分级、幼苗生长速率测定）；生化测定（四唑法、电导率法）。

72. 如何对种子的真实性进行鉴定？

随着鉴定技术的进步，种子真实性鉴定方法已获得系统、科学地发展。根据测定原理不同，可分为如下四类：

（1）形态鉴定法。主要通过将被检种子形态或幼苗形态与标准样品种子形态与幼苗形态进行比对，依此判断种子的真实性。不同种子外观形态特征存在差异，如种子颜色、花纹、大小、形状、光泽、蜡质、种脐的形状和颜色等均可用于种子真实性鉴定。种子萌发后的苗期特征也可被用作种子真实性的判断依据。该方法是最早被利用的种子真实性鉴定方法，现在仍具有较大的利用空间。该方法的优点在于简便易操作，缺点在于准确度相对不高。

（2）物理化学鉴定法。主要通过对种子中所含有的特殊组成成分的物理或化学特性进行鉴定，常见方法包括荧光测定法和苯酚染色法。不同类型或品种的种子，其种皮结构和化学成分不同，在紫外线照射下发出的荧光也不同，据此可鉴别种子类型。不同品种种皮成分和化学物质的差异所造成的化学试剂显色反应可用于种子鉴定。该方法具有针对性强的优点，常被用于特殊类型种子真实性鉴定，但利用空间有限。

（3）生化测定法。主要以生化技术为基础进行种子真实性鉴定，包括电泳法鉴定、色谱法鉴定和免疫技术鉴定。

①电泳法鉴定主要是通过对种子或幼苗中的同工酶和蛋白质进行电泳，以谱带差异作为种子真实性判断依据，该方法曾作为种子真实性鉴定的主要利用方法，现已被分子鉴定技术所替代，但仍有利用价值。

②色谱法鉴定主要利用液相色谱、气相色谱和气质联用技术开展种子真实性鉴定，该方法具有结果可靠、自动化程度高、操作简便等特点，但由于技术含量高和仪器设备价格昂贵等而利用有限。

③免疫技术鉴定则属于新兴技术，是用荧光素、放射性同位素、酶、铁蛋白、胶体金以化学或生物发光剂等作为追踪物，标记抗体或抗原进行的抗原体反应。该检测技术具有敏感性、特异性和精确性，目前因技术复杂而处于研究阶段。

（4）分子检测法。分子检测技术以分子生物学理论和技术为支撑，建立在 DNA 和 RNA 等分子水平上开展种子真实性鉴定。分子检测法包括 RAPD，RFLP，AFLP，ISSR，SCAP，SSR 等技术，目前较为常用的为 RAPD 和 SSR 技术。分子检测技术需要检测标准种子样品的分子标记，建立标准图谱，将被检种子检测结果与标准图谱进行比对，获得判断结果。该类技术结果非常准确，是今后种子真实性鉴定技术的发展方向，但缺点在于技术复杂、成本较高。

73. 如何测定种子优良度?

种子优良度的测定程序为：

（1）测定样品抽取。根据抽样的规定从种批中抽样，取得送检样品，从经过充分混合的送检样品中随机数取4×100粒（种粒大可取50粒或25粒）种子用于优良度测定。

（2）解剖法鉴定。先观察种子的外部情况，然后分别逐粒剖开，观察种子内部情况；种皮坚硬难于剖切的，可预先浸种软化种皮。

（3）优良种子与劣质种子的判别标准。

①具有以下感官表现的种子为优良种子：种粒饱满，胚和胚乳发育正常，呈该树种新鲜种子特有的颜色、弹性和气味；

②具有以下感官表现的种子为劣质种子：种仁萎缩或干瘪，失去该树种新鲜种子特有的颜色、弹性和气味，或被虫蛀，或有霉坏症状，或有异味，或已霉烂。

（4）结果计算。根据判断标准记录各个重复的优良种子、劣质种子以及剖切时发现空粒、涩粒、无胚粒、腐烂粒和虫害粒的数量，并计算种子的优良度。

74. 如何测定苗高?

苗高测定时，用直尺测量从苗木地径处到顶芽的垂直距离，单位用cm表示，记录为整数。也可用钢卷尺进行测量，大的苗木可用标杆进行测量；如苗木过高，还可用测高仪进行测量。

75. 如何测定苗木地径？

测量苗木地径可用钢制游标卡尺进行测量，读数精确到0.05cm。播种苗、移植苗是测量土痕处的直径；营养繁殖苗是测量插穗以上新萌发的主干基部的直径；嫁接苗为接口以上正常粗度处的直径。如测量的部位出现膨大或干形不圆，则要测定其上部苗干正常处的粗度。测量时，应使游标卡尺的两个脚尽量少挤压苗木，且测量人员要保持相同力度。

76. 如何测定苗木重量？

苗木重量的测定采用称重法。测定前先将苗木洗净，擦干表面水分，用天平称取苗木鲜重。测定干重时，先要将洗净的苗木装入纸袋，然后于烘箱中烘干。如测定苗木各部分的重量，应将其剪下分别装入纸袋烘干。烘箱温度保持在60℃～70℃范围。苗木重量达到恒定时，便可以将苗木取出测定其干重。

77. 如何测定苗木根系？

目前，生产上采用的根系指标主要是根系长度、根幅、侧根数等。此外，根重、根体积、根长、根表面积指数等在科学研究中也常被采用。

（1）根系长度，是从根基部靠近地表处至根端的自然长度，单位用cm表示，保留小数点后一位。

(2) 根幅，是从主根基部靠近地表处至四周侧根的长度，单位用 cm 表示，保留小数点后一位。

(3) 侧根数，是数取侧根长度大于 0.5cm（或大于 1.0cm，或大于 5.0cm，或大于 10cm，具体长度根据实际需要而定，现行的苗木标准是数取大于 5.0cm 的侧根数）的侧根数量。

(4) 根系总长度，是指所有侧根长度的总和。

(5) 根表面积指数，计算公式见式 (1-10)：

$$\text{根表面积指数}=\text{根的数量}\times\text{根总长度} \qquad (1\text{-}10)$$

如大于 5.0cm 长侧根数×大于 5.0cm 长的侧根总长度即为根表面积指数。

78. 如何测定苗木含水量？

苗木含水量，是指苗木烘干后所散失水分的重量占苗木干重的百分比（见式 1-11）。苗木含水量的测定方法同苗木干重的测定方法，只是烘干前还需测定苗木的鲜重。

$$\text{苗木含水量}=\frac{\text{苗木水分含量(g)}}{\text{苗木干重(g)}}\times 100\% \qquad (1\text{-}11)$$

在一定范围内，苗木水分状况与造林成活率呈正相关关系，但由于苗木在其体内水分完全丧失以前，生理活动已受到很大影响，甚至当苗木已经死亡时，体内仍然还有不少水分，所以用含水量指标来衡量苗木的生理活动情况并不是特别准确，这一点需要特别注意。

79. 如何测定苗木活力？

目前，评价苗木活力最可靠方法是测定根系生长潜力。根系生长潜力是将苗木置于最适合环境下，测定苗木新根发生和生长状况。根生长潜力的测定方法为：

先将苗木的所有根尖（生长点）去掉，然后用混合基质（如泥炭和蛭石的混合物）、沙壤或河沙栽植在容器中，置于最适宜根系生长的环境［白天温度（25±3)℃，夜间温度（16±3)℃，光照12h～15h，黑暗9h～12h，空气相对湿度60％～80％］下培养，保持苗木所需的水分［如2～4天（d）浇一次水］，28d后将苗木小心取出，洗净根系的泥沙，统计新根生长点（颜色发白）数量。

根生长潜力的表达方式有下面几种：

①新根生长点数量TNR。

②大于1cm长新根数量TNR>1。

③大于1cm长新根总长度TLR>1。

④新根表面积指数SAI＝TNR>1×TLR>1。

80. 如何保护苗木活力？

从起苗、运输到栽植过程中，每一个环节都会影响苗木活力。因此，应加强苗木活力的保护。

（1）起苗前的准备：起苗的前1个月需对苗木进行截根处理。为使苗木含水量有一定的提高，于起苗前2～3d需对苗床进行灌水，以提高土壤含水量，从而提高苗木含水量。

（2）保护好根系是起苗的关键，应特别注意苗木根系长度与数量，这是保证栽植成活的关键，也是苗木分级的重要指标。为减少起苗过程中苗木体内水分的蒸发，可在上午10时以前或下午4时以后进行，或在阴天和雨后进行。

(3) 苗木分级时应做到避风、遮荫，并剪除长根、劈裂根，切口要平滑。

(4) 苗木分级后应及时运到造林地栽植。通常情况下，苗木运到造林地后不能立即栽植的，应假植于背风庇荫、排水良好的地块，并压实、浇水，使根系与土壤充分接触，以保护苗木的活力。

(5) 苗木栽植过程中要轻拿轻放，应梳理好次序，不能强拉硬拽，以减少苗木的机械损伤。

总之，起苗后要尽量缩短起苗到栽植的时间，推行就近育苗、订单育苗，增强育苗的计划性，最大限度地缩短起苗与造林之间的时间，保护苗木生命活力，提高造林成活率。

相关法律法规及消费维权

81. 什么是种子生产?

种子生产，是指依据植物的生殖生物学特性和繁殖方式，按照科学的技术方法，生产出符合数量和质量要求的种子。具体包括从良种繁育开始，经过种子加工、检验、包装等环节，直到生产出符合质量标准、能满足消费者需求的质量好、数量足、成本低的商品种子的全过程。

林木种子生产具有自己独特的过程。种子生产基地包括种子园、母树林、采穗圃等，我国林木种子生产还有大量来源于一般采种林的种子。林木种子生产周期长，与林木营养生长期长有关；同时，林木种子产品的影响时效长。

82. 我国的种子生产许可制度有哪些规定?

在我国，作为种用的林木种子生产受到种子生产许可制度的约束，从事林木种子生产活动的企业或单位需获得种子生产许可后方能从事相关林木种子的生产。林木种子销售过程中必须出具生产单位的林木种子生产许可证，并做到树种（品种）对应，禁止无证生产或超范围生产，严禁篡改、伪造、欺骗、买卖或租借获得林木种子生产许可证。未获得林木种子生产许可证从事种子生产活动属于违法行为，依照相关法律应受到法律制裁。林木种子监督管理部门在发现种子生产单位存在无证生产、违规生产、生产假冒伪劣种子等违法行为时，有权查没种子或苗木，并根据相关规定进行罚款等处罚，直至追究刑事责任，并将已发放的林木种子生产许可证依法收回作废。

林木种子生产许可证内容包括许可证编号、生产单位名称、生产单位地址、法定代表人、发证机关、发证时间、生产的林木种子种类、品种、地点、有效期限等项目，林木种子生产许可证的有效期一般为三年。

我国林木种子生产许可证实行分级管理制，《种子法》对此有严格的规定。主要林木良种的种子生产许可证，由生产所在地县级人民政府林业行政主管部门审核，省（直辖市、自治区）人民政府林业行政主管部门核发；其他种子的生产许可证，由生产所在地县级以上人民政府林业行政主管部门核发。林木种子生产许可证有一定的时效性，在有效期截止前，林木种子生产企业或单位需按照程序向发证部门申报种子生产许可证延期文件，待林业行政主管部门审核通过后办理换证。

83. 申请办理种子生产许可证应具备什么条件？

目前，在我国可以免费申请办理种子生产许可证。申请领取种子生产许可证的单位和个人依照《种子法》规定，应当具备下列条件：

（1）具有繁殖种子的隔离和培育条件；

（2）具有无检疫性病虫害的种子生产地点或者县级以上人民政府林业行政主管部门确定的采种林；

（3）具有与种子生产相适应的资金和生产、检验设施；

（4）具有相应的专业种子生产和检验技术人员；

（5）法律、法规规定的其他条件。

此外，种苗生产单位还应有一定面积的种子晒场或种子烘干设备，具备必要的种子储藏设施。申请领取具有植物新品种权的种子生产许可证的，应当征得品种权人的书面同意。

在向林木行政主管部门申请林木种子生产许可证时，应提交以下文件以备审查：

（1）种子生产许可证申请表，需要保密的由申请单位注明；

（2）种子质量检验人员和种子生产技术人员资格证明；

（3）注册资本证明材料；

（4）检验设施和仪器设备清单、照片及产权证明；

（5）晒场情况介绍或烘干设备照片及产权证明；

（6）种子仓储设施照片及产权证明；

（7）种子生产地点检疫证明和情况介绍；

（8）生产品种介绍；

（9）种子生产质量保证制度。

84. 什么是种子经营?

种子经营，是指在遵守国家有关法规和政策的前提下，面向市场，充分利用外部的有利环境和内部资源条件，合理组织品种研发，种子生产、销售，以获取经济效益的全部经济活动的过程。

林木种子，作为特殊的商品，其经营活动在遵守市场经济规则的同时还必须适应林业生产发展的要求。国务院林业行政主管部门（国家林业局国有林场与林木种苗管理总站）主管全国林木种子经营工作，代表国家对林木种子

经营活动进行监督和监管。

从事林木种子经营活动必须申请林木种子经营许可证，并在规定区域内开展林木种子经营活动；种子经营者在经营许可证规定的有效区域内设立分支机构的，可以不再办理种子经营许可证，但应当在办理或者变更营业执照后十五日内，向当地林业行政主管部门备案。林农个人自繁、自用的常规种子有剩余的，可以在集贸市场上出售、串换，不需要办理种子经营许可证。

85. 我国的种子经营许可制度有哪些规定?

在我国，林木种子经营必须实行许可制度。种子经营者必须先取得种子经营许可证后，方可凭种子经营许可证向工商行政管理机关申请办理或者变更营业执照。种子经营许可证实行分级审批发放制度。

林木种子经营许可证由种子经营者所在地县级以上地方人民政府林业行政主管部门核发。主要林木良种的种子经营许可证，由种子经营者所在地县级人民政府林业行政主管部门审核，省、自治区、直辖市人民政府林业行政主管部门（省级林木种苗站）核发。

实行选育、生产、经营相结合并达到国务院林业行政主管部门规定的注册资本金额的种子公司和从事种子进出口业务的公司的种子经营许可证，由省、自治区、直辖市人民政府林业行政主管部门审核，国务院林业行政主管部门（国家林业局国有林场和林木种苗工作总站）核发。

林木种子经营许可证内容包含许可证编号、经营单位名称、经营单位地址、法定代表人、申请注册资本、有效期限、有效区域、发证机关、发证时间、种子经营范围、经营方式等项目，种子经营许可证的有效期限一般为三年。需要特别指出的是，各级林木种苗主管部门在发放林木种子经营许可证时，标注种子经营范围不应超过所在地域范围，严禁出现标注跨区域或超出所在地管辖范围的经营范围。林木种子经营许可证有一定的时效性，在有效期截止前，林木种子经营企业或单位需按照程序向发证部门申报种子经营许可证延期文件，待林业行政主管部门审核通过后办理换证。

林木种子在销售过程中必须出具林木种子经营许可证，并做到树种（品种）对应，禁止无证销售或超限销售林木种子，严禁篡改、伪造、欺骗、买卖或租借获得林木种子经营许可证。未获得林木种子经营许可证从事种子经营活动属于违法行为，依照相关法律应受到法律制裁。林木种子监督管理部门在发现种子经营单位存在无证经营、违规经营、经销假冒伪劣种子等违法行为时，有权查没种子或苗木，并根据相关规定进行罚款等处罚，直至追究刑事责任，并将已发放的林木种子经营许可证依法收回作废。

86. 申请办理种子经营许可证应具备什么条件?

《种子法》规定，申请领取种子经营许可证的单位和个人，应当具备下列条件：

（1）具有与经营种子种类和数量相适应的资金及独立承担民事责任的能力；

（2）具有能够正确识别所经营的种子、检验种子质量、掌握种子贮藏、保管技术的人员；

（3）具有与经营种子的种类、数量相适应的营业场所及加工、包装、贮藏保管设施和检验种子质量的仪器设备；

（4）法律、法规规定的其他条件。种子经营者专门经营不再分装包装种子的，或者受具有种子经营许可证的种子经营者以书面委托代销其种子的，可以不办理种子经营许可证。

在向林木行政主管部门申请林木种子经营许可证时，应提交以下文件以备审查：

（1）种子经营许可证申请表；

（2）申请注册企业证明；

（3）种子检验仪器、加工设备、仓储设施清单、照片及产权证明；

（4）种子检验、贮藏保管、加工技术人员资格证明；

（5）种子经营场所照片。

87. 种子经营者有何权利和义务？

林木种子经营者在获得种子经营许可证审批后，就依法享有一定的权利，同时承担相应的义务，所享有的权利和承担的义务均受到法律的保护和约束。

种子经营者所承担的义务包括：种子经营者应当遵守有关法律、法规的规定，接受林木种子主管单位的监督和管理；在种子销售过程中，主动出示林木种子经营许可证，经销林木良种的应出示林木良种证明；种子经营者应主动向种子使用者提供种子的简要性状、主要栽培技术措施、使用条件的说明与有关咨询服务；因种子经营者所经销的种子质量存在问题，引起使用单位或个人产生经济损失时，种子经营者需赔偿相关损失；种子经营者不得超限销售林木种子、不得违法销售假冒伪劣种子，发现存在假冒伪劣种子流通时，应主动向林木种苗管理部门或工商管理部门、公安部门提供信息。

种子经营者所享有的权利包括：种子经营者依法享有自主经营权，不受任何单位和个人的干预；种子经营者有权向种子生产者或单位了解是否获得林木种子生产许可证，向种子生产者或单位索要林木种子质量合格证、种子检验检疫证（当地销售的不涉及检验检疫）、林木种子标签，了解种子性状、适用地域或范围、栽培技术措施等；因林木种子生产单位或个人原因导致林木种子质量出现问题时，林木种子经营者有权依法向林木种子生产者索赔。

88. 经营假冒伪劣种子应负什么法律责任?

我国《种子法》中，对经营假冒伪劣种子的个人或单位有明确的处罚规定。对于经营假冒伪劣种子的单位或个人，由县级以上人民政府林业行政主管部门和工商行政管理机关责令停止经营，没收种子和违法所得，吊销种子经营许可证和营业执照，并处以罚款；有违法所得的，处以违法所得五倍以上十倍以下罚款；没有违法所得的，处以二千元以上五万元以下罚款；构成犯罪的，依法追究刑事责任。

我国《刑法》对涉及经销假冒伪劣种子的行为也有严格的处罚规定。销售假冒伪劣种子，使生产遭受较大损失的，处三年以下有期徒刑或者拘役，并处或者单处销售金额百分之五十以上二倍以下罚金；使生产遭受重大损失的，

处三年以上七年以下有期徒刑，并处销售金额百分之五十以上二倍以下罚金；使生产遭受特别重大损失的，处七年以上有期徒刑或者无期徒刑，并处销售金额百分之五十以上二倍以下罚金或者没收财产。

销售假冒伪劣种子，销售金额五万元以上不满二十万元的，处二年以下有期徒刑或者拘役，并处或者单处销售金额百分之五十以上二倍以下罚金；销售金额二十万元以上不满五十万元的，处二年以上七年以下有期徒刑，并处销售金额百分之五十以上二倍以下罚金；销售金额五十万元以上不满二百万元的，处七年以上有期徒刑，并处销售金额百分之五十以上二倍以下罚金；销售金额二百万元以上的，处十五年有期徒刑或者无期徒刑，并处销售金额百分之五十以上二倍以下罚金或者没收财产。（《刑法》第一百四十条和第一百四十七条）

89. 什么部门负责林木种苗的质量监督？

在我国，林木种苗的质量监督与管理工作由各级林业行政主管部门负责，国务院林业行政主管部门（国家林业局国有林场和林木种苗工作总站）主管全国林木种子工作，是种子行政执法机关；县级以上地方人民政府林业行政主管部门主管本行政区域内林木种子工作。林木种苗的生产、加工、包装、检验、贮藏等质量管理办法和行业标准，由国务院林业行政主管部门制定。

林木种苗管理机构在完成种苗质量监督之外还需承担以下工作：贯彻执行国家和省、市、区有关种子方面的法律、法规和方针政策；研究提出并组织种子发展建设规划和年度计划；组织新品种和引进品种的试验（种）、示范和推广；承办品种审定的日常事务，如报审品种的试验安排、组织考评、数据汇总等；核发、管理种子生产经营许可证；调解种子质量纠纷；组织落实救灾备荒种子贮备任务；负责与种子有关的工作人员上岗培训工作。

90. 我国林木种子质量检验机构有哪些？

林业行政主管部门可以委托种子质量检验机构对种子质量进行检验，承担种子质量检验的机构应当具备相应的检测条件和能力，并经省级以上人民政府林业主管部门考核合格。近年来，我国林木种子质量检验机构建设发展迅速，已经形成了国家级检验中心、省级检验中心、地市级检验中心以及县区林木种苗质量检验中心四级林木种子质量检验网络。

目前，国家级林木种子质量检验机构有 5 个中心，分别为国家林业局南方林木种子质量检验中心（南京林业大学，成立于 1982 年）、国家林业局北方林木种子质量检验中心（中国林业科学研究院，成立于 1982 年）、国家林业局林木种苗质量检验检测中心（呼和浩特，成立于 2008 年）、国家林业局林木种苗质量检验检测中心（长沙，成立于 2008 年）、国家林业局林木种苗质量检验检测中心（石家庄，成立于 2011 年）。

各省、自治区、直辖市，内蒙古、吉林、龙江、大兴安岭森工（林业）集团公司，新疆生产建设兵团林业局还建有省级（森工局）林木种苗质量检验中心（站）；地方上分别建有地市级和县区级林木种苗质量检验中心（站）。

91. 种苗质量检验员应具备什么条件?

各生产、经营单位应配备由省级林业主管部门核发《种子检验员证》的专职检验员，负责本单位的林木种子检验工作。我国《种子法》规定，林木种苗质量检验员应当具备以下条件：

(1) 具有相关专业中等专业技术学校毕业以上文化水平；

(2) 从事种子检验技术工作三年以上；

(3) 经省级以上人民政府林业行政主管部门考核合格。

国家级和省级林木种苗质量检验机构应配备专业理论知识更全面、实际操作技能更强的专业技术人员作为种苗质量检验员。

92.《种子法》对进出口林木种子有什么规定?

在我国，国务院负责制定从境外引进林木种子的审定权限、进出口审批办法、引进转基因植物品种的管理办法。

《种子法》规定，从事林木种子进出口业务的法人和其他组织，除具备种子经营许可证外，还应当依照有关对外贸易法律、行政法规的规定取得从事种子进出口贸易的许可。

进出口种子必须实施检疫，防止植物危险性病、虫、杂草及其他有害生物传入境内和传出境外。

进口林木种子的质量，应当达到国家标准或者行业标准。没有国家标准或者行业标准的，可以按照合同约定的标准执行。禁止进出口假冒伪劣种子以及属于国家规定不得进出口的种子。

93.《种子法》的立法目的是什么？

《种子法》立法的目的是为了保护和合理利用种质资源，规范品种选育和种子生产、经营、使用行为，维护品种选育者和种子生产者、经营者、使用者的合法权益，提高种子质量水平，推动种子产业化，不断提高我国林木良种化进程，促进林业健康、快速发展。

在中国境内从事品种选育和种子生产、经营、使用、管理等活动，均适用《种子法》。

94.《种子法》对造林使用的林木种苗有何规定？

《种子法》规定，对于以国家投资或者国家投资为主的造林项目和国有林业单位造林所使用的林木种苗，应当根据林业行政主管部门指定的计划使用林木良种。

国家林业局还规定，对于国家林业重点工程造林项目和国家投资及国家投资为主的造林项目所使用的林木种苗，实行合同订购的生产供应方式。

95.《种子法》对造林使用林木良种有何规定？

《种子法》规定，国家对推广使用林木良种营造防护林、特种用途林给予扶持。国家还对林木良种选育、生产和使用提供良种补贴。

良种效应显著，已被广大造林单位或个人充分认识，自动繁育良种、种植良种的意识不断提高，这将有利于建立林木良种发展的长效机制、逐步加大林木良种推广力度、

加速推进我国林木良种化进程，发挥林木种苗在现代林业建设中的基础保障作用和长远战略性作用。

96. 《种子法》对收购珍贵林木种子有何规定？

《种子法》规定，未经省、自治区、直辖市人民政府林业行政主管部门批准，不得收购珍贵树木种子和本级人民政府规定限制收购的林木种子。

珍贵林木是我国优良的林木种质资源，这些林木种子是传承优良遗传基因的载体，属于国家种质资源保护的战略体系，任何单位和个人不得擅自采种和收购。确因科学研究或扩繁推广需要采种的，必须得到林业主管部门的批准，方能进行采种。任何单位和个人不得私自倒卖、销售、囤积、出口和走私珍贵林木种子。

97. 如何解决种苗质量纠纷？

林木种苗作为特殊的商品，在市场中进行销售时，生产者、经销者和使用者因种苗质量问题而产生的纠纷就是种苗质量纠纷。

当种苗质量发生纠纷时，当事人首先必须明确种苗质量问题之所在，是何因素导致种苗质量出现问题，然后根据问题产生原因确定责任应该有谁负责。种苗质量纠纷当事人可以根据种苗质量问题所产生的损失以及后果采取不同的方式来解决种苗质量纠纷。

第一，当事人在发生种苗质量纠纷时应尝试协商解决，双方可以通过对种苗质量问题产生原因进行分析，明确双方所应承担的责任，对因种苗质量问题而产生的损失进行分解，双方协力解决问题。

第二，种苗质量纠纷当事人可以在林木种苗主管部门或中立第三方的协调下进行调解，并对责任原因和引起的后果进行明确，根据责任承担包括种子、经济损失等赔付比例。林木种苗主管部门或第三方应当坚持中立态度，认真分析产生种苗质量问题的原因，公平确定纠纷双方所承担的责任，并公平分派双方所应支付或享有的经济补偿。

第三，种苗质量纠纷当事人不愿通过协商、调解解决或者协商、调解不成的，可以根据当事人之间的协议向仲裁机构申请仲裁。国家林业局南方林木种子质检中心和国家林业局北方林木种子质检中心具有承担林木种苗质量仲裁检验职能，所出具的质量检验报告具有法律效力，依此可作为种苗质量纠纷责任划分的依据。

第四，种苗质量纠纷当事人通过以上方式均不能解决纠纷时，可以直接向人民法院提起诉讼。人民法院受理案件后，将对种苗质量纠纷进行审理，必要时可以指定具有法律效力的仲裁检验机构对种苗质量进行检验，并根据检验结果对案件进行判决。

以上四种方式是发生林木种苗质量纠纷时所应选择的纠纷解决办法，当事人可以根据具体情况选择采用何种方式解决纠纷。

98. 我国林木种子标签制度的主要内容是什么？

我国林木种子标签制度，指的是林木种苗在出圃或销售过程中必须附林木种子标签。种子标签，是指固定在种子包装物表面及内外的特定图案及文字说明；对于可以不

经加工包装进行销售的种子，标签是指种子经营者在销售种子时向种子使用者提供的特定图案及文字说明。

种子标签标注内容应当使用规范的中文，印刷清晰，字体高度不得小于1.8 mm，警示标志应当醒目；标签标注内容可直接印制在包装物表面，也可制成印刷品固定在包装物外或放在包装物内，但种类、品种名称、生产商、质量指标、净含量、生产年月、警示标志和“转基因”标注内容必须在包装物外；包装种子使用种子标签的包装物的规格，为不再分割的最小包装物；种子经营者向种子使用者提供的种子简要性状、主要栽培措施、使用条件的说明，可以印制在标签上，也可以另行印制材料。

99. 林木种子标签应标注哪些内容?

林木种子标签应当标注树种、种子类别、品种名称、产地、质量指标、检疫证明编号、净含量、生产年月、生产商名称、生产商地址以及联系方式、种子生产及经营许可证编号或者进口审批文号等事项。同时，种子标签标注的内容应当与销售的林木种子相符。以上内容具体表述为：

（1）产地是指种子繁育所在地，按照行政区划最大标注至省级。进口种子的产地，按《中华人民共和国海关关于进口货物原产地的暂行规定》标注。

（2）质量指标是指生产商承诺的质量指标，按品种纯度、净度、发芽率、水分指标标注。国家标准或者行业标准对某些种子质量有其他指标要求的，应当加注。

（3）检疫证明编号标注产地检疫合格证编号或者植物检疫证书编号。进口种子检疫证明编号标注引进种子、苗木检疫审批单的编号。

（4）生产年月是指种子收获的时间。

（5）净含量是指种子的实际重量或数量，以千克、克、粒或株表示。

（6）生产商是指最初的商品种子供应商。进口商是指直接从境外购买种子的单位。

（7）生产商地址按种子经营许可证注明的地址标注，联系方式为电话号码或传真号码。

另外，属于下列情况的，还应当分别加注：对于两种以上混合种子应当标注“混合种子”字样，标明各类种子的名称及比例；经药剂处理的种子应当标明药剂名称、有效成分及含量、注意事项，并根据药剂毒性附警示标志；进口种子在销售过程中必须附有中文标签；转基因植物品种种子在销售过程中，必须用明显的文字标注，提示使用时的安全控制措施；分装种子应注明分装单位和分装日期。

100. 什么是植物新品种保护制度？

国务院于 1997 年 3 月 20 日发布了《中华人民共和国植物新品种保护条例》，农业部和国家林业局按照职责分工颁布了《中华人民共和国植物新品种保护条例实施细则（农业部分）》（1999 年 6 月 16 日发布）和《中华人民共和国植物新品种保护条例实施细则（林业部分）》（1999 年 8 月 10 日发布）。经第九届全国人大第四次会议决定并递交申请，我国于 1999 年 4 月 23 日加入了《国际植物新品种保护公约（1978 年文本）》，成为国际植物新品种保护联盟的成员国。至此，我国步入植物新品种保护的快车道，植

物新品种申报和保护工作走上了正规化道路。

植物新品种，是指经过人工培育的或者对发现的野生植物加以开发，具备新颖性、特异性、一致性和稳定性并有适当命名的植物品种。林业植物新品种，是指符合以上规定的林木、竹、木质藤本、木本观赏植物（包括木本花卉）、果树（干果部分）及木本油料、饮料、调料和木本药材等植物品种。

植物新品种保护制度是政府授予植物育种者利用其品种排他的独占权利。植物新品种保护是对植物育种单位或者个人权利的保护，保护的对象不是植物品种本身，而是植物育种者应当享有的权利。植物新品种保护同专利、商标、著作权一样，是知识产权保护的一种形式。任何单位或者个人未经品种权所有人许可，不得为商业目的生产或者销售该授权品种的繁殖材料，不得为商业目的将该授权品种的繁殖材料重复使用于生产另一品种的繁殖材料。

101. 植物新品种的命名有何规定？

国际植物新品种保护联盟规定，植物新品种命名必须满足三项基本原则，即通用名称原则、品种易于识别原则和品种名称单一性原则。

（1）通用名称原则。植物新品种的名称必须是通用名称。植物品种权申请人首先向审批机关提出申请品种的暂定名称，经审批机关审查后注册登记，注册登记后的品种名称即为通用名称，在繁殖产品或者繁殖材料的销售中使用，即使品种权保护期限届满后也是如此。品种命名一经注册登记即为品种的“公用名称”，此品种名称在国际植物新品种保护联盟各成员国的领土内可以无障碍地自由使用。

（2）品种容易识别的原则。植物新品种命名应当使品种容易识别，不能仅以数字组成，不能对新品种的特征、特性和育种人的身份的辨认引起误解或者发生混淆。

（3）单一性原则。一个新品种必须使用同一品种名称向所有国际植物新品种保护联盟成员国申请植物新品种保护，成员国的审批机关应当以该品种名称进行注册登记，除非该品种名称不符合该国的品种命名规定。这种情况应该要求申请人提交该品种新的品种名称。

《中华人民共和国植物新品种保护条例》对于植物新品种的命名也有明确的规定，规定授予品种权的植物新品种应当具备适当的名称，并与相同或者相近的植物属或者种中已知品种的名称相区别。该名称经注册登记后即为该植物新品种的通用名称。植物新品种命名应避免以下内容：

①仅以数字组成的；

②违反社会公德的；

③对植物新品种的特征、特性或者育种者的身份等容易引起误解的。

102. 授予品种权的植物新品种应当具备哪些条件？

《中华人民共和国植物新品种保护条例》规定，申请品种权的植物新品种应当属于国家植物品种保护名录中列举的植物的属或者种。

授予品种权的植物新品种还应当具备新颖性、特异性、一致性和稳定性。同时，授予品种权的植物新品种应当具备适当的名称。

新颖性是指申请品种权的植物新品种在申请日前该品种繁殖材料未被销售，或者经育种者许可，在中国境内销售该品种繁殖材料未超过1年；在中国境外销售藤本植物、林木、果树和观赏树木品种繁殖材料未超过6年，销售其他植物品种繁殖材料未超过4年。

特异性是指申请品种权的植物新品种应当明显区别于在递交申请以前已知的植物品种。

一致性是指申请品种权的植物新品种经过繁殖，除可以预见的变异外，其相关的特征或者特性一致。

稳定性是指申请品种权的植物新品种经过反复繁殖后或者在特定繁殖周期结束时，其相关的特征或者特性保持不变。

103. 林木优良品种的审（认）定有何程序？

林木优良品种的审（认）定是林木品种审认定委员会对新育成品种或新引进品种进行区域试验和生产试验鉴定，按照规定的程序进行审查，决定该品种是否能够推广并确定推广范围的过程。

2003年，国家林业局颁布的《主要林木品种审定办法》对林木品种审（认）定程序有详细具体的规定。主要程序如下：

①申请单位或个人将符合要求的主要林木品种向林木品种审定委员会提交申请材料；

②林木品种审定委员会对申请单位或个人申报材料进行形式审查，并在规定期限内决定是否受理；

③林木品种审定委员会依照国家、行业或地方标准以

及省级以上人民政府林业行政主管部门制定的相关技术规定，对申报品种进行审定或认定；

④林木品种审定委员会应当对审（认）定通过的林木良种统一命名、编号，颁发林木良种证书，并报同级林业行政主管部门公告。

104. 品种权人有何权利和义务？

依照《中华人民共和国植物新品种保护条例》，品种权人应当享有或承担以下权利和义务。

品种权人享有的权利包括：

（1）品种权人对其被授权品种，享有排他的独占权。任何单位或者个人未经品种权人许可，不得为商业目的生产或者销售该授权品种的繁殖材料，不得为商业目的将该授权品种的繁殖材料重复使用于生产另一品种的繁殖材料。

（2）品种权人可以依法转让植物新品种的品种权，可以书面声明放弃品种权。但品种权人转让品种权时须报请相关审批机关批准。

（3）品种权人对强制许可决定或者强制许可使用费的裁决不服的，可以自收到通知之日起 3 个月内向人民法院提起诉讼。

（4）植物新品种复审委员会可以对不符合新颖性、特异性、一致性和稳定性的品种权宣告无效，对不符合命名规定的品种权予以更名。品种权人对植物新品种复审委员会的决定不服时，可以在收到通知之日起 3 个月内向人民法院提起诉讼。

品种权人承担的义务包括：

（1）品种权人应当自被授予品种权的当年开始缴纳年费，并且按照审批机关的要求提供用于检测的该授权品种的繁殖材料。

（2）品种权人应当允许授权品种用于育种及其他科研活动，并免费提供。

（3）品种权人应当允许农民自繁自用授权品种的繁殖材料，并不得收取费用。

（4）品种权人恶意将已宣告无效的品种转让给他人并造成损失的，应当返还转让费，并适当给予合理赔偿。

105. 经济合同应包含哪些主要条款？

经济合同的条款是指双方当事人达成协议的内容，凡是合同中必不可少的条款，叫做主要条款或者法定条款。经济合同应包含以下主要条款：

（1）标的。即合同双方当事人权利义务所指向的对象，如买卖合同中的种苗、承揽合同中所完成的造林任务等。

（2）数量与质量。计算数量的计算标准必须规定合理的范围。标的的质量标准必须具体、明确。

（3）价款和酬金。价款和酬金是以货币数量表示的。必须明确报酬的支付方式、时间。

（4）履行期限、地点和方式。任何合同都必须明确履行的期限。合同的履行地点与方式也十分重要，送货的要规定交货地点、运费的承担、标准和运输方式等。

（5）包装和验收方法。包装主要是针对购销合同而言。验收分为质量验收和数量验收。

（6）违约责任。违约责任是指因合同当事人一方或双方的过错，造成经济合同不能履行或者不能完全履行而应承担的法律责任。

（7）法律规定和合同性质要求规定的其他条款。

（8）双方当事人约定或一方当事人要求必须具备的条款。

106. 签订林木种苗购销合同时要注意哪些问题?

签订林木种苗购销合同时首先应明确经济合同的主要条款，同时由于种苗商品的特殊性还要注意以下问题：

（1）明确林木种苗经营者应当出具真实的“四证一签”，即林木种子生产许可证、林木种子经营许可证、质量检验合格证、植物检疫证和种子标签。

（2）购销林木种苗为品种、良种时，经营者需出具林木良种（品种）审认定证书；受新品种权保护的种苗，还应出具授权委托书。

（3）明确购销种苗的质量标准、种苗规格、种苗种类（实生苗、嫁接苗、扦插苗、组培苗）；林木种苗经营者应出具树种（品种）介绍，明确品种特征、特性和特殊的栽培要求，明确所购销种苗的种源、适生范围或立地条件，明确树种（品种）的造林利用方向。

（4）林木种苗作为有生命力的商品，购销合同需明确种苗包装、运输环节的要求，以确保造林成活率。

107. 发生了种子购销合同纠纷当事人应怎么办?

签订种子购销合同可以有效保护种子购销双方当事人的合法权益。发生种子购销合同纠纷时，双方当事人应查明产生纠纷的具体原因，并根据实际情况，采取不同的对策以保护自身合法权益。

对于种子购销合同中所涉及的诸如数量、价款、交货方式、交货时间等一般问题，通过双方明确即可核实的问题，双方当事人可通过协商或者调解解决。当事人不愿通过协商、调解解决或者协商、调解不成的，可以根据当事人之间的协议向仲裁机构申请仲裁。当事人也可以直接向人民法院起诉。

对于因种子质量而产生的购销合同纠纷，诸如种子品种、种子质量、繁殖苗木生长或产量指标等，纠纷当事人应首先采取协商的方式解决纠纷；在协商未果的情况下，将种苗样品抽样送到具有法律仲裁权限的种苗质量检验机构进行检验，进行种苗质量鉴定；待鉴定结果出具后，再行根据导致纠纷原因，选择使用民事调解、合同仲裁，直至提起民事诉讼以解决种子购销合同纠纷。

108. 追究违反种子购销合同的责任要有哪些条件？

在我国《种子法》和《合同法》中均明确规定，追究违反种子购销合同的责任所应具备的条件。可以归纳为以下方面：

（1）销售方未按合同约定按时、按地、按量交易种子的，购买方未按合同约定交付种子购买费用的。

（2）销售方未具备或者伪造、变造、买卖、租借“四证一签”的，即林木种子生产许可证、林木种子经营许可证、质量检验合格证、植物检疫证和种子标签。

（3）所购销的种子为假冒伪劣种子，或者种子品种纯度较低，或将为境外制种的种子在国内销售的；种子质量存在问题，未按照国家标准、行业标准或者合同约定提供合格种子的。

（4）销售方经营、推广应当审定而未经审定通过的种子，树种（品种）特性、特征、适应性与合同约定不符的；购买方未按照销售方所出具种子使用或栽培管理要求培养或种植种子繁殖材料的。

案例1　经营假冒林木种子侵权案

原告倪某于2001年12月份与被告张某签订购买“美国红栌”种子协议一份，该协议写明倪某为购货方（甲方），张某为供货方（乙方）。协议约定：甲方向乙方购买“美国红栌”种子2公斤，单价为每公斤15000元，乙方保证提供的种子为2001年采集的种子，并保证名实相符，若2002年播种出苗后，绿苗超过40%以上（不含40%）并由此对甲方造成的经济损失由乙方负责赔偿。合同签订后，原告倪某将种子款30000元交给被告张某，并写下收款条一份。原告倪某在该树种播种出苗后，发现叶子为绿色不具有“美国红栌”树苗的特征，遂向××市人民法院提起诉讼，请求法院判决原告张某赔偿经济损失，退回种子款。

××市人民法院于2002年11月12日组织专家对位于××市××乡××村原告倪某承包地内种植的“红栌”苗木进行了现场勘验，树苗叶片均为绿色，种植面积为30.6亩，实有红栌树苗94860株。原告倪某还提供了六份销售树苗的协议，2003年3月的《中国花木商情》和2002年12月的《花卉商情》报刊，证明当时“美国红栌”苗木市场价格为每株 28～45 元不等，庭审中原告倪某主张按每株 18 元计算，共计 1024488 元的可得利益，要求被告予以赔偿，并退回种子款 30000 元。

法院审理后认为，被告张某没有取得种子经营许可证。原、被告双方所订立的购销合同因被告不具备销售种子的主体资格应视为无效合同。《中华人民共和国合同法》第 52 条第 5 项规定："违反法律、行政法规的强制性规定的合同无效。"第 58 条还规定："合同无效或者被撤销后，因该合同取得的财产，应当予以返还，不能返还的或者没有必要返还的，应当折价补偿。有过错的一方应当赔偿对方因此所受的损失，双方都有过错的应当各自承担相应的责任。"根据本案事实，被告出售给原告种子名实不符，是造成纠纷的主要原因，也是导致合同无效的过错方，因此应承担相应的民事责任，赔偿因出售假冒"美国红栌"种子而给被告造成的经济损失。

法院审理后还认为，原告主张每株树苗按 18 元计算赔偿，其额度过高。但从其土地承包费用和种植管理方面考虑也确实受到了一定的损失，结合该树苗的市场价值及本案实际按每株 5 元计算损失为宜。故根据《中华人民共和国合同法》第 52 条第 5 项、第 58 条之规定作出如下之判决：(1) 被告人张某返还原告种子款 30000 元；(2) 被告赔偿原告经济损失 474300 元（每株按 5 元计算）；(3) 本案受理费由被告承担。

案例 2　经营劣质林木种子处罚案

2006 年 2 月，某省林木种苗行政执法部门接群众来信举报，该省××市××县××镇林业工作站职工黄某、张某涉嫌销售劣质杉木种子。该省林木种苗行政执法部门立即指示该省××县林业局对此案进行调查处理。××县林业局立即派执法人员对涉案人员进行了认真的调查。结果发现，2006年2月××镇林业工作站职工黄某、张某销售杉木种子40公斤，每公斤70元卖给本镇几个育苗户，发芽率只有10%～20%，未达到GB 7908－1999《林木种子质量分级》规定的合格种子的标准。根据《种子法》第46条的规定，即“质量低于国家规定的种用标准的种子属于劣质种子”，确认黄某、张某销售的杉木种子属劣质种子。该案事实清楚，证据确凿，××县林业局对黄某、张某作出了赔偿受害人全部种子款2800元的处罚决定。

2006年1月，某省林木种苗行政执法部门接群众来信举报，该省××市××乡个体户黄某涉嫌销售劣质杉木和湿地松种子。该省林木种苗行政执法部门立即指示该省××市林业局对此案进行调查处理。××市林业局立即派执法人员对涉案人员进行了认真的调查。结果发现，2006年1月12日，黄某卖给××县××镇××村个体育苗户罗某杉木种子525公斤，每公斤30元；湿地松种子203公斤，每公斤100元。种子播种后，发芽率均在10%左右，未达到GB7908－1999《林木种子质量分级》规定的合格种子的标准。根据《种子法》第四十六条的规定，即“质量低于国家规定的种用标准的种子属于劣质种子”，确认黄某销售的杉木和湿地松种子属劣质种子。经××市林业局执法人员协调，买卖双方通过协商，达成赔偿协议，黄某退还罗某全部种子款，另赔偿人工、圃地等损失费18000元。

案例3　无证经营林木种子处罚案

2008年2月，某省林木种苗行政执法部门接群众来信举报，该省××市××镇××村个体育苗户黄某未取得《林木种子生产、经营许可证》，但经营林木种子多年。接报后，××市林业局派执法人员对此案进行了调查。结果发现，2006年2月5日，黄某销售89公斤湿地松种子给××市一个个体育苗户，每公斤70元，种子播种后不发芽，导致购种人种子、人工、圃地等经济损失18230元。2008年春季又在××县××镇销售湿地松种子220公斤，每公斤110元，计销售所得人民币22000元。黄某多年无证经营林木种子的行为，严重违反了《种子法》第二十六条的规定。该案事实清楚，证据确凿。××市林业局依法对黄某作出了立即停止经营活动，没收非法所得的处罚决定。

附录 1

林木种子质量分级表

序号	树种	Ⅰ级				Ⅱ级				Ⅲ级				各级种子含水量≤%
		净度≥%	发芽率≥%	生活力≥%	优良度≥%	净度≥%	发芽率≥%	生活力≥%	优良度≥%	净度≥%	发芽率≥%	生活力≥%	优良度≥%	
1	冷杉	75	18			65	10							10
2	岷江冷杉	85	20			80	10							10
3	杉松（沙松）	90	40			85	30							10
4	柳杉	95	45			90	30			90	20			12
5	杉木	95	50			90	40			90	30			10
6	干香柏	90	30			80	20							10
7	柏木	95	40			95	30			90	20			12
8	福建柏	95	55			90	35			90	20			10
9	银杏	99	85		90	99	75		80	99	65		70	25～20*

续表

序号	树种	Ⅰ级				Ⅱ级				Ⅲ级				各级种子含水量≤%
		净度≥%	发芽率≥%	生活力≥%	优良度≥%	净度≥%	发芽率≥%	生活力≥%	优良度≥%	净度≥%	发芽率≥%	生活力≥%	优良度≥%	
10	杜松	95			60	90			50	90			35	10
11	兴安落叶松	95	50			95	40			90	30			10
12	日本落叶松	97	45			93	40			90	35			10
13	长白落叶松	98	55			95	40			90	30			10
14	红杉	95	50			85	40			75	30			10
15	华北落叶松	98	60			95	50			90	40			10
16	西伯利亚落叶松	96	70			93	55			90	40			10
17	水杉	90	13			85	9			85	5			11
18	云杉	85	75			80	65			80	55			10
19	麦吊云杉	80	50			75	40			70	30			10

续表

序号	树种	Ⅰ级				Ⅱ级				Ⅲ级				各级种子含水量≤%
		净度≥%	发芽率≥%	生活力≥%	优良度≥%	净度≥%	发芽率≥%	生活力≥%	优良度≥%	净度≥%	发芽率≥%	生活力≥%	优良度≥%	
20	鱼鳞云杉	95	80			90	70			85	60			10
21	红皮云杉	95	80			93	70			90	60			10
22	白杄	95	80			90	70			90	60			10
23	天山云杉	90	75			90	65			85	55			10
24	青杄	95	80			90	70			90	60			10
25	华山松	97	75			95	70			95	60			10
26	白皮松	95	70	75		95	55	60		90	50	50		10
27	赤松	95	80			95	70			90	60			10
28	湿地松	99	85			99	70			96	60			10
29	思茅松	95	75			92	65			90	60			12

续表

序号	树种	Ⅰ级				Ⅱ级				Ⅲ级				各级种子含水量≤%
		净度≥%	发芽率≥%	生活力≥%	优良度≥%	净度≥%	发芽率≥%	生活力≥%	优良度≥%	净度≥%	发芽率≥%	生活力≥%	优良度≥%	
30	红松	98		90		96		75		94		60		12～8
31	马尾松	96	75			93	60			90	45			10
32	晚松	98	90			95	85			95	75			10
33	樟子松	98	85			93	75			90	60			10
34	油松	95	85			95	75			90	65			10
35	火炬松	99	80			99	70			96	60			10
36	黄山松	98	70			93	60			90	50			12
37	黑松	98	80			95	70			95	60			10
38	云南松	95	75			93	65			90	55			10
39	侧柏	95	60			93	45			90	35			10

续表

序号	树种	Ⅰ级				Ⅱ级				Ⅲ级				各级种子含水量≤%
		净度≥%	发芽率≥%	生活力≥%	优良度≥%	净度≥%	发芽率≥%	生活力≥%	优良度≥%	净度≥%	发芽率≥%	生活力≥%	优良度≥%	
40	竹柏	98			90	95			85	95			80	20～16*
41	金钱松	95	80			90	65			90	50			12
42	圆柏	95			60	90			50	90			35	10
43	池杉	40		50		35		40		35		30		10
44	红豆杉	98			95	95			85					20
45	紫杉	98			95	95			85	90			80	20
46	台湾相思	98	80			95	70			95	60			10
47	楼叶槭	95			80	90			65					10
48	元宝槭	95			80	90			65					10
49	臭椿	95	65			90	55			90	45			10

续表

序号	树种	Ⅰ级				Ⅱ级				Ⅲ级				各级种子含水量≤%
		净度≥%	发芽率≥%	生活力≥%	优良度≥%	净度≥%	发芽率≥%	生活力≥%	优良度≥%	净度≥%	发芽率≥%	生活力≥%	优良度≥%	
50	合欢	98	80			95	70							10
51	桤木		1000粒/g				800粒/g				600粒/g			9
52	紫穗槐	95	70			90	60			85	50			10
53	团花	90	60			85	50			80	40			8
54	羊蹄甲	98	70			95	60			90	50			15
55	红桦		2000粒/g				1400粒/g				800粒/g			8
56	白桦	85	45			70	30			60	25			10～9
57	重阳木	98	65			95	55			90	45			15
58	木豆	95	75			90	65			90	55			12

续表

序号	树种	Ⅰ级				Ⅱ级				Ⅲ级				各级种子含水量≤%
		净度≥%	发芽率≥%	生活力≥%	优良度≥%	净度≥%	发芽率≥%	生活力≥%	优良度≥%	净度≥%	发芽率≥%	生活力≥%	优良度≥%	
59	油茶	99	80			99	70			99	60			20～15*
60	喜树	98	70			95	60			90	50			12
61	柠条锦鸡儿	97	85			90	75			80	65			9
62	小叶锦鸡儿	95	75			90	65			85	55			9
63	锦鸡儿	95	70			90	60			85	55			9
64	铁刀木	85	90			75	70			75	50			13
65	锥栗	98			90	95			80	95			70	30～25*
66	板栗	98			85	96			75	96			65	30～25*
67	红椎	95			90	95			80	95			70	30～30*

续表

序号	树种	Ⅰ级				Ⅱ级				Ⅲ级				各级种子含水量≤%
		净度≥%	发芽率≥%	生活力≥%	优良度≥%	净度≥%	发芽率≥%	生活力≥%	优良度≥%	净度≥%	发芽率≥%	生活力≥%	优良度≥%	
68	细枝木麻黄		280粒/g				200粒/g				120粒/g			10
69	木麻黄		1330粒/g				1070粒/g				810粒/g			10
70	樟树	98			90	95			80	95			70	20～12*
71	肉桂	98	80			95	70			95	60			20～16*
72	山楂	98			60	95			40	95			30	8
73	巴豆	95			80	93			70	90			60	12
74	降香黄檀	90	80			80	65			80	50			10
75	猫儿屎	95	55			90	45							20*
76	君迁子	98	80			95	70			90	60			10

续表

序号	树种	Ⅰ级				Ⅱ级				Ⅲ级				各级种子含水量≤%
		净度≥%	发芽率≥%	生活力≥%	优良度≥%	净度≥%	发芽率≥%	生活力≥%	优良度≥%	净度≥%	发芽率≥%	生活力≥%	优良度≥%	
77	沙枣	98	90			95	80			95	70			10
78	黄杞	80	70			75	60			75	50			15*
79	格木	95	80			90	70			90	60			10
80	赤桉		350粒/g				300粒/g				250粒/g			6
81	柠檬桉	95	90			90	80			90	70			8
82	窿缘桉		300粒/g				240粒/g				180粒/g			6
83	蓝桉		300粒/g				250粒/g				200粒/g			6
84	大叶桉		320粒/g				260粒/g				200粒/g			6

续表

序号	树种	Ⅰ级				Ⅱ级				Ⅲ级				各级种子含水量≤%
		净度≥%	发芽率≥%	生活力≥%	优良度≥%	净度≥%	发芽率≥%	生活力≥%	优良度≥%	净度≥%	发芽率≥%	生活力≥%	优良度≥%	
85	蜡皮桉		400粒/g				300粒/g				200粒/g			6
86	杜仲	98	75			98	65			98	50			10
87	柃木	90	65			85	55							12
88	梧桐	95	80			90	70							12
89	白蜡树	95			75	95			55	90			35	11
90	水曲柳	96		80		93		65		90		50		11
91	花曲柳	96		80		93		70		90		60		11
92	皂荚	98	75		80	98	65		70					11
93	梭梭	95	80			90	75			85	65			8

续表

序号	树种	Ⅰ级				Ⅱ级				Ⅲ级				各级种子含水量≤%
		净度≥%	发芽率≥%	生活力≥%	优良度≥%	净度≥%	发芽率≥%	生活力≥%	优良度≥%	净度≥%	发芽率≥%	生活力≥%	优良度≥%	
94	踏郎	96	85			94	75			92	65			10
95	羊柴	95	65			90	60			85	50			10
96	花棒	90	70			85	65			80	55			10
97	沙棘	90	80			85	70			85	60			9
98	坡垒	95	90			95	80			95	60			35*
99	核桃楸	99		85		99		75						10
100	核桃	99	80			99	70							12
101	胡枝子	95	90			93	75			90	65			10
102	女贞	95			85	95			75					12
103	枸杞	98	90			95	80			95	70			8

续表

序号	树种	Ⅰ级				Ⅱ级				Ⅲ级				各级种子含水量≤%
		净度≥%	发芽率≥%	生活力≥%	优良度≥%	净度≥%	发芽率≥%	生活力≥%	优良度≥%	净度≥%	发芽率≥%	生活力≥%	优良度≥%	
104	朝鲜槐	96	80			90	75			90	70			9
105	山荆子	95		80		90		65		90		50		10
106	海棠花	95			80	90			70	90			60	10
107	楝树	98			95	98			85					10
108	川楝	98			95	98			85					10
109	醉香含笑	94	80			94	65			94	50			15*
110	桑	95	80			90	70			90	60			12
111	米老排	90	95			85	80			85	65			20～18*
112	兰考泡桐		2400粒/g				2100粒/g				2000粒/g			8

续表

序号	树种	Ⅰ级				Ⅱ级				Ⅲ级				各级种子含水量≤%
		净度≥%	发芽率≥%	生活力≥%	优良度≥%	净度≥%	发芽率≥%	生活力≥%	优良度≥%	净度≥%	发芽率≥%	生活力≥%	优良度≥%	
113	白花泡桐		1800粒/g				1500粒/g				1200粒/g			8
114	黄菠萝	96		80		93		70		90		60		10
115	桢楠	98	80		85	95	70		75	95	60		65	20～12*
116	黄连木	95	75	80		90	55	60		90	40	45		10
117	青杨	95	85			80	65							6
118	山杨	95	85			90	80			90	75			6
119	箭杆杨	95	85			80	65							6
120	小叶杨	90	95			85	90			80	85			6
121	毛白杨	90	85			90	80							6

续表

序号	树种	Ⅰ级				Ⅱ级				Ⅲ级				各级种子含水量≤%
		净度≥%	发芽率≥%	生活力≥%	优良度≥%	净度≥%	发芽率≥%	生活力≥%	优良度≥%	净度≥%	发芽率≥%	生活力≥%	优良度≥%	
122	大青杨	95	90			90	85			90	80			6
123	枫杨	98			85	98			70					10
124	火棘	90	35			80	25							15
125	杜梨	95		80		90		70		90		60		10
126	麻栎	99	80	80	85	97	65	65	70	95	50	55	60	30～25*
127	蒙古栎	95	75	75	80	90	70	70	75	90	65	65	70	35*
128	栓皮栎	99	80	85	85	97	65	70	75	95	50	55	65	30～25*
129	盐肤木	90	60			90	50			90	40			15
130	火炬树	98	85			95	75			90	65			12～10*
131	刺槐	95	80			90	70			90	60			10

续表

序号	树种	Ⅰ级				Ⅱ级				Ⅲ级				各级种子含水量≤%
		净度≥%	发芽率≥%	生活力≥%	优良度≥%	净度≥%	发芽率≥%	生活力≥%	优良度≥%	净度≥%	发芽率≥%	生活力≥%	优良度≥%	
132	旱柳	85	80			80	70							6
133	乌桕	98			90	95			80	90			70	10
134	檫木	95	55			85	40			85	30			32～25*
135	木荷	90	40			85	30			80	20			12
136	槐树	95	80			90	70			90	60			10
137	柚木	90			85	90			70					10
138	紫椴	98		70		95		60		95		50		12
139	香椿	90	75			90	65			85	55			10
140	木蜡树	95	80			90	70			90	60			15
141	漆树	98			80	98			70					12～10*

续表

序号	树种	Ⅰ级				Ⅱ级				Ⅲ级				各级种子含水量≤%
		净度≥%	发芽率≥%	生活力≥%	优良度≥%	净度≥%	发芽率≥%	生活力≥%	优良度≥%	净度≥%	发芽率≥%	生活力≥%	优良度≥%	
142	棕榈	98			80	95			70	95			60	10
143	白榆	90	85			85	75			80	65			8
144	青梅	90	95			85	85			80	70			40～35*
145	油桐	98	90			98	80			98	70			14～12
146	文冠果	98		85		95		75		95		60		11
147	花椒	90	75			90	65			90	55			12

* 种子含水量指标适用于种子收购、运输和临时贮藏。

——摘自 GB 7908－1999《林木种子质量分级》。

附录 2

苗木质量分级表

序号	树种名称	苗木种类	苗龄	苗木等级									
				Ⅰ级苗					Ⅱ级苗				
				地径/cm ≥	苗高/cm ≥	根系			地径/cm	苗高/cm	根系		
						根长/cm ≥	＞5cm长Ⅰ级侧根数	根幅/cm			根长/cm ≥	＞5cm长Ⅰ级侧根数	根幅/cm
1	杉木	播种苗	1—0	0.50	30	20	10		0.35～0.50	20～30	20	6～10	
				0.40	25	20	10		0.30～0.40	15～25	20	6～10	
		扦插苗	1—0	0.60	60	20			0.40～0.60	40～60	15		
2	柳杉	播种苗	1—0	0.40	25	30	8		0.25～0.40	16～25	10	5～8	
3	红松	移植苗	2—2	0.45	15	15	15		0.35～0.45	12～15	15	10～15	
4	马尾松	播种苗	1—0	0.25	15	15	5		0.20～0.25	10～15	12	3～5	
		扦插苗	1—0	0.40	25	15	15		0.30～0.40	20～25	15	12～15	

续表

序号	树种名称	苗木种类	苗龄	苗木等级									
				Ⅰ级苗					Ⅱ级苗				
				地径/cm ≥	苗高/cm ≥	根系			地径/cm	苗高/cm	根系		
						根长/cm ≥	>5cm长Ⅰ级侧根数	根幅/cm			根长/cm ≥	>5cm长Ⅰ级侧根数	根幅/cm
5	油松	播种苗	1.8—0	0.40	12	20	6		0.30～0.40	10～12	18	4 ～6	
			2—0	0.45	15	20	8		0.35～0.45	12～15	20	5 ～8	
				0.40	15	12	8		0.30～0.40	12～15	10	5～8	
		移植苗	1—1.8	0.60	25	20	12		0.45～0.60	20～25	20	8～12	
			2—1	0.60	25	20	12		0.40～0.60	20～25	20	8～12	
6	樟子松	播种苗	2—0	0.40	15	20	12		0.30～0.40	10～15	18	8～12	
		移植苗	1—1	0.40	12	15	10		0.30～0.40	10～12	10	6～10	
			2—1	0.40	13	15	10		0.30～0.40	10～13	11	6～10	
			2—2	0.40	15	15	10		0.30～0.40	10～15	11	6～10	

续表

序号	树种名称	苗木种类	苗龄	苗木等级									
				Ⅰ级苗					Ⅱ级苗				
				地径/cm≥	苗高/cm≥	根系			地径/cm	苗高/cm	根系		
						根长/cm≥	>5cm长Ⅰ级侧根数	根幅/cm			根长/cm≥	>5cm长Ⅰ级侧根数	根幅/cm
7	湿地松	播种苗	0.6—0	0.35	20	15	6		0.25～0.35	15～20	15	4～6	
			1—0	0.70	20	25	10		0.45～0.70	20～30	20	6～10	
8	火炬松	播种苗	1—0	0.60	20	25	8		0.40～0.60	15～20	20	5～8	
9	加勒比松	播种苗	1—0	0.60	30	25	8		0.4～0.60	20～30	15	5～8	
10	黑松	播种苗	1—0	0.10	8	10	10		0.10	5～8	8	6～10	
			1.8—0	0.20	12	15	10		0.10～0.20	8～12	15	6～10	
			2—0	0.30	20	20	10		0.20～0.30	15～20	18	6～10	
		移植苗	2—1	0.50	30	22	14		0.40～0.50	20～30	22	10～14	

续表

序号	树种名称	苗木种类	苗龄	苗木等级									
				Ⅰ级苗					Ⅱ级苗				
				地径/cm ≥	苗高/cm ≥	根系			地径/cm	苗高/cm	根系		
						根长/cm ≥	>5cm长Ⅰ级侧根数	根幅/cm			根长/cm ≥	>5cm长Ⅰ级侧根数	根幅/cm
11	沙松	移植苗	2—1	0.40	15	15	8		0.30～0.40	10～15	12	5～8	
			2—2	0.45	15	15	8		0.30～0.45	10～15	12	5～8	
12	长白落叶松	移植苗	1—1	0.40	35	18	10		0.30～0.40	25～35	15	6～10	
13	兴安落叶松	移植苗	1—1	0.40	35	15	15		0.30～0.40	25～35	15	10～15	
14	华北落叶松	播种苗	2—0	0.40	25	15	6		0.30—0.40	18—25	10	4～6	
		移植苗	1—1	0.60	40	20	12		0.40～0.60	20～40	20	8～12	
15	新疆落叶松	移植苗	2—1	0.40	18	17	6		0.30～0.40	12～18	15	4～6	
			2—2	0.60	25	20	6		0.45～0.60	18～25	17	4～6	

续表

序号	树种名称	苗木种类	苗龄	苗木等级									
				Ⅰ级苗					Ⅱ级苗				
				地径/cm ≥	苗高/cm ≥	根系			地径/cm	苗高/cm	根系		
						根长/cm ≥	>5cm长Ⅰ级侧根数	根幅/cm			根长/cm ≥	>5cm长Ⅰ级侧根数	根幅/cm
16	日本落叶松	播种苗	1—0	0.30	15	12	6		0.20～0.30	10～15	10	4～6	
			2—0	0.50	30	15	10		0.30～0.50	20～30	10	6～10	
		移植苗	1—1	0.50	35	15	12		0.40～0.50	25～35	10	8～12	
17	红杉	移植苗	2—2	0.45	25	20	10		0.30～0.45	15～25	20	6～10	
18	云杉	移植苗	2—2	0.45	20	15	8		0.30～0.45	15～20	12	5～8	
			2—3	0.50	25	20	12		0.30～0.50	15～25	15	8～12	
19	丽江云杉	移植苗	2—2	0.45	20	20	12		0.30～0.45	15～20	20	8～12	
			2—3	0.50	25	20	12		0.30～0.50	15～25	20	8～12	

续表

序号	树种名称	苗木种类	苗龄	苗木等级									
				Ⅰ级苗					Ⅱ级苗				
				地径/cm ≥	苗高/cm ≥	根系			地径/cm	苗高/cm	根系		
						根长/cm ≥	>5cm长Ⅰ级侧根数	根幅/cm			根长/cm ≥	>5cm长Ⅰ级侧根数	根幅/cm
20	紫果云杉	移植苗	3—3	0.50	20	20	8		0.30～0.50	15～20	20	5～8	
21	青海云杉	移植苗	2—4	0.55	22	20	8		0.35～0.55	12～22	15	5～8	
			3—3	0.60	22	16	8		0.40～0.60	15～22	12	5～8	
22	天山云杉	移植苗	2—3	0.60	25	20	10		0.40～0.60	15～25	18	6～10	
			3—3	0.65	30	20	10		0.45～0.65	18～30	20	6～10	
23	红皮云杉	移植苗	2—2	0.40	15	12	12		0.30～0.40	12～15	10	8～12	
24	鱼鳞云杉	移植苗	2—2	0.40	15	10	10		0.30～0.40	12～15	10	6～10	
25	冷杉	移植苗	2—2	0.60	20	20	8		0.40～0.60	15～20	20	5～8	

续表

序号	树种名称	苗木种类	苗龄	苗木等级									
				Ⅰ级苗					Ⅱ级苗				
				地径/cm≥	苗高/cm≥	根系			地径/cm	苗高/cm	根系		
						根长/cm≥	>5cm长Ⅰ级侧根数	根幅/cm			根长/cm≥	>5cm长Ⅰ级侧根数	根幅/cm
26	臭冷杉	移植苗	2—2	0.40	15	10	8		0.30～0.40	12～15	10	5～8	
27	侧柏	播种苗	1—0	0.30	20	15	6		0.20～0.30	15～20	10	4～6	
			1.8—0	0.35	25	15	6		0.25～0.35	15～25	10	4～6	
			2—0	0.50	30	15	6		035～0.50	20～30	10	4～6	
		移植苗	1—1	0.70	50	20	10		0.40～0.70	30～50	20	6～10	
				0.45	40	15	10		0.30～0.45	20～40	12	6～10	
28	柏木	播种苗	1—0	0.30	35	15	5		0.20～0.30	25～35	15	3～5	
		移植苗	1—1	0.80	70	25	12		0.60～0.80	55～70	25	8～12	

续表

序号	树种名称	苗木种类	苗龄	苗木等级									
				Ⅰ级苗					Ⅱ级苗				
				地径/cm ≥	苗高/cm ≥	根系			地径/cm	苗高/cm	根系		
						根长/cm ≥	>5cm长Ⅰ级侧根数	根幅/cm			根长/cm ≥	>5cm长Ⅰ级侧根数	根幅/cm
29	毛白杨	嫁接苗	1—0	2.00	300			20	1.50～2.00	200～300			20
		移植苗	1—1	2.50	300			25	2.00～2.50	250～300			25
			$1_{(2)}$—1	4.00	450			25	3.00～4.00	350～450			25
30	新疆杨	扦插苗	1—0	1.50	200			20	1.00～1.50	150～200			15
			2—0	1.80	220			20	1.20～1.80	180～220			15
			$1_{(2)}$—0	1.60	210			20	1.20～1.60	180～210			15
31	青杨	扦插苗	2—0	1.50	150			20	0.90～1.50	100～150			15
			3—0	1.70	200			25	1.20～1.70	130～200			20
			4—0	2.30	280			30	1.80～2.30	210～280			20

续表

序号	树种名称	苗木种类	苗龄	苗木等级									
				Ⅰ级苗					Ⅱ级苗				
				地径/cm≥	苗高/cm≥	根系			地径/cm	苗高/cm	根系		
						根长/cm≥	>5cm长Ⅰ级侧根数	根幅/cm			根长/cm≥	>5cm长Ⅰ级侧根数	根幅/cm
32	河北杨	扦插苗	2—0	1.70	200			30	1.00～1.70	170～200			25
33	大青杨	扦插苗	$1_{(2)}$—0	1.50	150			25	1.20～1.50	120～150			20
			$2_{(3)}$—0	3.00	300			30	2.00～3.00	200～300			25
34	小黑杨	扦插苗	$1_{(2)}$—0	1.50	150			25	1.00～1.50	100～150			20
			$2_{(3)}$—0	2.50	250			30	2.00～2.50	180～250			25
35	北京杨	扦插苗	$1_{(2)}$—0	2.50	300			25	2.00～2.50	250～300			25
36	69杨、72杨	扦插苗	$1_{(2)}$—0	4.50	450			40	3.50～4.50	350～450			40
37	银中杨	扦插苗	$1_{(2)}$—0	2.00	200			20	1.50～2.00	150～200			15
			$2_{(3)}$—0	3.50	320			25	3.00～3.50	220～320			20

续表

序号	树种名称	苗木种类	苗龄	苗木等级									
				Ⅰ级苗					Ⅱ级苗				
				地径/cm ≥	苗高/cm ≥	根系			地径/cm	苗高/cm	根系		
						根长/cm ≥	>5cm长Ⅰ级侧根数	根幅/cm			根长/cm ≥	>5cm长Ⅰ级侧根数	根幅/cm
38	旱柳	扦插苗	$1_{(2)}$—0	2.00	250			25	1.00～2.00	150～250			20
			$2_{(3)}$—0	3.00	400			30	2.00～3.00	250～400			30
			$2_{(3)}$—0	2.50	300			25	1.50～2.50	200～300			20
		移植苗	$1_{(2)}$—1	3.00	300			25	2.00～3.00	200～300			20
39	垂柳	扦插苗	2—0	1.50	200			25	1.00～1.50	150～200			25
			1—2	3.00	230			30	2.20～3.00	180～230			25
40	兰考泡桐 楸叶泡桐	扦插苗	1—0	4.00	300			30	3.00～4.00	200～300			30
			$1_{(2)}$—0	6.00	500			30	4.00～6.00	300～500			30

续表

序号	树种名称	苗木种类	苗龄	苗木等级									
				Ⅰ级苗					Ⅱ级苗				
				地径/cm≥	苗高/cm≥	根系			地径/cm	苗高/cm	根系		
						根长/cm≥	>5cm长Ⅰ级侧根数	根幅/cm			根长/cm≥	>5cm长Ⅰ级侧根数	根幅/cm
41	红锥	播种苗	1—0	0.30	25	20			0.20～0.30	15～25	15		
			2—0	0.70	50	25			0.40～0.70	35～50	25		
		移植苗	0.5—0.7	0.30	35	20			0.20～0.30	25～35	15		
42	楠木	播种苗	1—0	0.40	30	20			0.30～0.40	20～30	18		
43	檫树	播种苗	1—0	1.10	70	25	10		0.70～1.10	40～70	18	6～10	
44	火力楠	播种苗	1—0	0.70	50	30			0.45～0.70	30～50	30		
45	白榆	播种苗	1—0	0.70	120	25	5		0.50～0.70	60～120	20	3～5	
				0.50	50	18	5		0.35～0.50	35～50	15	3～5	
			2—0	0.75	100	25	8		0.45～0.75	65～100	20	5～8	

续表

序号	树种名称	苗木种类	苗龄	苗木等级									
				Ⅰ级苗					Ⅱ级苗				
				地径/cm ≥	苗高/cm ≥	根系			地径/cm	苗高/cm	根系		
						根长/cm ≥	>5cm长Ⅰ级侧根数	根幅/cm			根长/cm ≥	>5cm长Ⅰ级侧根数	根幅/cm
46	川楝	播种苗	1—0	1.20	100	35	20		0.90～1.20	60～100	30	15～20	
47	香椿	播种苗	1—0	0.90	80	25			0.60～0.90	60～80	20		
48	国槐	移植苗	1—1	1.8	180	25	10		1.00～1.80	140～180	20	8～10	
			1—2	2.20	250	25	12		1.50～2.20	200～250	30	8～12	
49	刺槐	播种苗	1—0	1.00		15	6		0.60～1.00		12	4～6	
			2—0	1.60		20	8		1.10～1.60		15	5～8	
50	格木	播种苗	1.0	0.60	40	20			0.40～0.60	30～40	18		
51	台湾相思	播种苗	0.6—0	0.40	40	15			0.30～0.40	20～40	12		
			1—0	0.60	60	27			0.40～0.60	30～60	25		

续表

序号	树种名称	苗木种类	苗龄	苗木等级									
				Ⅰ级苗					Ⅱ级苗				
				地径/cm ≥	苗高/cm ≥	根系			地径/cm	苗高/cm	根系		
						根长/cm ≥	>5cm长Ⅰ级侧根数	根幅/cm			根长/cm ≥	>5cm长Ⅰ级侧根数	根幅/cm
52	大叶相思	播种苗	0.6—0	0.50	60	20			0.30～0.50	30～60	17		
			1—0	1.00	90	30			0.60～1.00	60～90	25		
53	喜树	播种苗	1—0	0.80	80	35	10		0.50～0.80	50～80	35	6～10	
54	悬铃木	扦插苗	$1_{(2)}$—0	2.50	250			30	1.50～2.50	150～250			25
		移植苗	1—2	4.50	550	30			3.00～4.50	400～550	30		
55	桤木	移植苗	0.3—1.0	0.80	60	35	12		0.50～0.80	40～60	30	8～12	
56	木麻黄	移植苗	0.3—1.0	0.70	50	30			0.40～0.70	30～50	25		
			1—1	1.00	160	30			0.70～1.00	110～160	25		
57	木荷	播种苗	1—0	0.60	50	25			0.40～0.60	30～50	20		

续表

序号	树种名称	苗木种类	苗龄	苗木等级									
				Ⅰ级苗					Ⅱ级苗				
				地径/cm≥	苗高/cm≥	根系			地径/cm	苗高/cm	根系		
						根长/cm≥	>5cm长Ⅰ级侧根数	根幅/cm			根长/cm≥	>5cm长Ⅰ级侧根数	根幅/cm
58	红荷	播种苗	1—0	0.60	50	25			0.40～0.60	30～50	20		
59	蚬木	播种苗	1.8—0	0.60	40	25			0.40～0.60	20～40	20		
60	黄菠萝	播种苗	1—0	0.50	30	20	10		0.40～0.50	20～30	20	8～10	
61	臭椿	播种苗	1—0	0.80	100	25	6		0.60～0.80	60～100	20	4～6	
		移植苗	1—1	2.00	200	30	8		1.50～2.00	150～200	25	5～8	
62	元宝枫	播种苗	1—0	0.80		25	8		0.50～0.80		20	5～8	
63	白蜡	播种苗	1—0	1.00	130	20	8		0.70～1.00	100～130	15	5～8	
			1—1	2.00	200	25	8		1.50～2.00	150～200	20	5～8	
		移植苗	1—2	2.80	240	28	14		1.90～2.80	180～240	25	10～14	

续表

序号	树种名称	苗木种类	苗龄	苗木等级									
				Ⅰ级苗					Ⅱ级苗				
				地径/cm≥	苗高/cm≥	根系			地径/cm	苗高/cm	根系		
						根长/cm≥	＞5cm长Ⅰ级侧根数	根幅/cm			根长/cm≥	＞5cm长Ⅰ级侧根数	根幅/cm
64	黄栌	播种苗	1—0	0.80	80	20	5		0.50～0.80	50～80	15	3～5	
65	水曲柳	播种苗	1—0	0.50	15	15	10		0.40～0.50	10～15	10	8～10	
			2—0	0.60	20	15	12		0.50～0.60	15～20	15	8～12	
		移植苗	1—1	0.70	20	15	12		0.50～0.70	15～20	15	8～12	
66	紫椴	播种苗	1—0	0.70	40	15	8		0.50～0.70	30～40	10	5～8	
67	蒙古栎	播种苗	1—0	0.40	15	15	8		0.30～0.40	10～15	10	5～8	
		移植苗	1—1	0.50	20	15	8		0.40～0.50	15～20	10	5～8	
68	白桦	播种苗	1—0	0.45	40	15	8		0.35～0.45	30～40	10	5～8	

续表

序号	树种名称	苗木种类	苗龄	苗木等级									
				Ⅰ级苗					Ⅱ级苗				
				地径/cm ≥	苗高/cm ≥	根系			地径/cm	苗高/cm	根系		
						根长/cm ≥	>5cm长Ⅰ级侧根数	根幅/cm			根长/cm ≥	>5cm长Ⅰ级侧根数	根幅/cm
69	女贞	播种苗	1—0	0.70	50	25	12		0.50～0.70	30～50	15	8～12	
70	银桦	播种苗	0.6—0	0.50	40	20	8		0.40～0.50	30～40	18	5～8	
71	石梓	播种苗	0.6—0	1.20	60	25			1.00～1.20	40～60	25		
72	漆树	播种苗	1—0	0.80	70	30	10		0.60～0.80	50～70	25	5～10	
73	八角	播种苗	1—0	0.60	45	15			0.40～0.60	25～45	15		
			2—0	0.80	70	15			0.50～0.80	40～70	15		
74	杜仲	播种苗	1—0	0.40	50	25	8		0.25～0.40	30～50	20	4～8	
75	油茶	播种苗	1—0	0.30	25		8		0.20～0.30	15～25		5～8	

续表

序号	树种名称	苗木种类	苗龄	苗木等级									
				Ⅰ级苗					Ⅱ级苗				
				地径/cm ≥	苗高/cm ≥	根系			地径/cm	苗高/cm	根系		
						根长/cm ≥	>5cm长Ⅰ级侧根数	根幅/cm			根长/cm ≥	>5cm长Ⅰ级侧根数	根幅/cm
76	板栗	播种苗	1—0	0.60		15	12		0.40～0.60		12	8～12	
		嫁接苗	$1_{(2)}$—0	0.80		20	20		0.40～0.80		18	18～20	
77	玉桂	播种苗	1—0	1.20	70	20			0.60～1.20	40～70	20		
78	米老排	播种苗	1—0	0.90	80	25			0.60～0.90	60～80	22		
79	宁夏枸杞	播种苗	1—0	0.50	60	20	5		0.40～0.50	40～60	15	3～5	
		扦插苗	1—0	0.80	90	20		12	0.50～0.80	70～90			8

续表

序号	树种名称	苗木种类	苗龄	苗木等级									
				Ⅰ级苗					Ⅱ级苗				
				地径/cm ≥	苗高/cm ≥	根系			地径/cm	苗高/cm	根系		
						根长/cm ≥	>5cm长Ⅰ级侧根数	根幅/cm			根长/cm ≥	>5cm长Ⅰ级侧根数	根幅/cm
80	核桃	播种苗	1.0—0	0.80	50	15	12		0.60～0.8	25～50	12	5～12	
			1—0	0.90	50	18	12		0.60～0.90	30～50	15	5～12	
			2.0—0	1.20	65	25	14		1.00～1.20	40～65	20	8～14	
			1—1	1.20	50	25	14		1.00～1.20	30～50	20	10～14	
			3.0—0	1.6	100	30	15		0.85～1.60	60～100	25	10～15	
		嫁接苗	$1_{(2)}$—0	1.20	50	20	15		0.80～1.20	25～50	15	8～15	
			1—1	1.20	50	20	15		0.80～1.20	25～50	15	8～15	
81	沙枣	播种苗	1—0	1.00	80	20	8		0.60～1.00	50～80	27	5～8	
			2—0	1.20	120	20	15		1.00～1.20	100～120	15	8～15	

续表

序号	树种名称	苗木种类	苗龄	苗木等级									
				Ⅰ级苗					Ⅱ级苗				
				地径/cm ≥	苗高/cm ≥	根系			地径/cm	苗高/cm	根系		
						根长/cm ≥	>5cm长Ⅰ级侧根数	根幅/cm			根长/cm ≥	>5cm长Ⅰ级侧根数	根幅/cm
82	梭梭	播种苗	1—0	0.45	50	20			0.30～0.45	30～50	15		
83	银杏	播种苗	1—0	0.60	15	20	5		0.40～0.60	10～15	15	3～5	
			2—0	1.40	25	20	10		1.00～1.40	15～25	20	5～10	
		嫁接苗	$1_{(2)}$—0	1.20		30	14		0.90～1.20		25	10～14	
			$1_{(2)}$—0	0.90	25	20	10		0.70～0.90	15～25	20	5～10	
84	紫穗槐	播种苗	1—0	0.50		20	5		0.30～0.50		15	3～5	
85	色木槭	播种苗	1—0	0.40	20	15	10		0.30～0.40	15～20	12	8～10	
86	花楸	播种苗	1—0	0.35	15	15	10		0.25～0.35	10～15	12	8～10	

续表

序号	树种名称	苗木种类	苗龄	苗木等级									
				Ⅰ级苗					Ⅱ级苗				
				地径/cm ≥	苗高/cm ≥	根系			地径/cm	苗高/cm	根系		
						根长/cm ≥	>5cm长Ⅰ级侧根数	根幅/cm			根长/cm ≥	>5cm长Ⅰ级侧根数	根幅/cm
87	山桃	播种苗	1—0	0.50	50	20	6		0.30～0.50	35～50	15	4～6	
			2—0	1.00	90	20	8		0.70～1.00	60～90	15	5～8	
88	山杏	播种苗	1—0	0.45		15	8		0.35～0.45		15	5～8	
			2—0	0.90	100	20	10		0.60～0.90	50～100	15	6～10	
89	文冠果	播种苗	1—0	0.60	50	20	8		0.40～0.60	35～50	15	5～8	
90	中国沙棘	播种苗	1—0	0.30		15	5		0.20～0.30		13	3～5	
			2—0	0.60		22	8		0.40～0.60		13	4～8	
91	小叶锦鸡儿	播种苗	1—0	0.30		18	5		0.20～0.30		16	3～5	

续表

序号	树种名称	苗木种类	苗龄	苗木等级									
				Ⅰ级苗					Ⅱ级苗				
				地径/cm ≥	苗高/cm ≥	根系			地径/cm	苗高/cm	根系		
						根长/cm ≥	>5cm长Ⅰ级侧根数	根幅/cm			根长/cm ≥	>5cm长Ⅰ级侧根数	根幅/cm
92	拧条锦鸡儿	播种苗	1—0	0.30		19	5		0.20～0.30		15	3～5	
93	花棒	播种苗	1—0	0.30		20	5		0.20～0.30		18	3～5	
94	羊柴	播种苗	1—0	0.35		15	6		0.25～0.35		13	4～6	
95	膏桐	播种苗	0.4—0	1.20	30	20	8		0.80～1.20	20～30	15	5～8	
			1—0	2.50	40	20	8		1.80～2.50	30～40	15	5～8	
96	枣	扦插苗	1—0	1.20	30		10		1.00～1.20	20～30		5～10	
		嫁接苗	$1_{(2)}$—0	0.80	80	20	5		0.60～0.80	60～80	15	3～5	
97	青花椒	播种苗	1—0	0.60	60		10		0.40～0.60	30～60		6～10	

——摘自 GB 6000—1999《主要造林树种苗木质量分级》。

附录 3

主要树种容器苗质量分级表

树种	苗龄	合格苗		合格苗百分率%(≥)	适用地区
		苗高/cm ≥	地径/cm ≥		
杉木	1—0	18	0.3	85	闽、赣、皖、浙、湘、鄂、川、黔、渝
马尾松	0.5—0	10	—	90	闽、赣、皖、浙、苏、湘、鄂、川、黔、渝
	1—0	16	0.3	95	
油松	0.5—0	5	—	90	辽、京、津、冀、晋、内蒙、鲁、陕、甘
	1—0	7	0.2	85	
	1.5—0	12	0.3	85	
	2—0	15	0.4	80	
	3—0	25	0.6	75	
	1—0.5	12	0.3	80	辽
樟子松	1—0	5	0.2	85	辽、京、冀、内蒙、黑、吉
	1.5—0	10	0.3	85	
	2—0	10	0.3	80	
	3—0	15	0.4	75	
	4—0	20	0.5	70	陕、甘
	1—0.5	12	0.3	80	辽
湿地松	0.5—0	15	—	90	粤、桂、琼、闽
	1—0	20	0.4	90	闽、赣、皖、浙、苏、湘、鄂、川、黔、渝

续表

树种	苗龄	合格苗		合格苗百分率%(≥)	适用地区
		苗高/cm ≥	地径/cm ≥		
火炬松	0.5—0	15	—	90	粤、桂、琼、闽
	1—0	20	0.4	90	闽、赣、皖、浙、苏、湘、鄂、川、黔、渝
加勒比松	0.5—0	16	—	90	粤、桂、琼
黑松	0.5—0	5	—	90	辽、鲁
	1—0	7	0.2	85	
	1.5—0	15	0.3	85	
	1—0.5	12	0.3	80	
云杉	1—0	3	0.1	80	陕、甘、辽
	2—0	5	0.2	75	
	3—0	10	0.3	70	
	4—0	15	0.4	70	
	5—0	25	0.6	65	
白皮松	1—0	5	0.2	85	陕、甘
	2—0	10	0.3	80	
	3—0	12	0.5	75	
	4—0	20	0.6	70	
华山松	1—0	8	0.2	85	陕、甘
	2—0	15	0.4	80	
	3—0	25	0.5	75	

续表

树种	苗龄	合格苗		合格苗百分率%(≥)	适用地区
		苗高/cm ≥	地径/cm ≥		
落叶松	1—0	10	0.2	90	辽、京、冀、晋、内蒙、鲁、黑、吉
	2—0	25	0.3	85	陕、甘
侧柏	0.5—0	8	0.2	85	辽、京、晋、冀、津、内蒙、鲁、陕、甘
	1—0	12	0.3	85	
	1.5—0	25	0.4	80	
	2—0	40	0.6	75	
柏木	1—0	18	0.2	90	川、滇、黔、渝
桉树（实生苗）	0.3—0	12	0.15	90	粤、桂、琼、闽
	1—0	50	0.6	90	川、滇干热河谷
桉树（扦插苗）	0.3—0	15	—	90	粤、桂、琼、闽
相思树	0.5—0	15	—	90	粤、桂、琼、闽
	1—0	30	0.4	90	川、滇干热河谷
木麻黄	0.5—0	60	—	90	粤、桂、琼、闽南
黑荆树	0.5—0	20	—	90	粤、桂、闽
油茶（实生苗）	1—0	15	0.2	85	粤、桂、闽、滇、赣、皖、浙、湘、鄂、川、黔、渝
油茶（嫁接苗）	0.5—0.5	10	0.2	85	
	0.5—1.5	30	0.3	80	

——摘自 LY/T 10000—1991《容器育苗技术》。

附录 4

主要树种优良种子鉴别标准

顺序号	树　种	优良种子
1	岷江冷杉	种皮表面黑褐色，有光泽，富含松脂香味；胚乳乳白色，饱满，胚根淡清白色，子叶淡清绿色，新鲜
2	杉松（沙松）	种粒饱满，胚乳、胚白色
3	柳杉	胚乳饱满，白色或淡黄色
4	杉木	种子饱满；胚呈暗白色
5	千香柏（冲天柏）	种皮赤褐色，有光泽；种仁饱满，胚完好，胚根稍带粉红色，胚尖淡红色，胚乳白色、淡白色
6	柏木	胚乳外被黄褐色，内呈乳白色，先端褐黄色，胚白色，饱满，有弹性
7	银杏	种仁黄白色，先端黄褐色，中部淡褐色，基部棕色；胚乳饱满，表面浅黄色，切块后胚乳黄绿色，胚浅黄绿色
8	杜松	种皮棕白色；种仁饱满，胚、胚乳呈白色
9	落叶松（兴安落叶松）	种子腹面褐色，背面浅褐色，有光泽，胚、胚乳乳白色，饱满，有弹性
10	华北落叶松	种子腹面褐色，背面黄白色，有光泽；种仁饱满，胚乳尖端部分呈乳色，钝部白色，胚乳白色，有松脂香味，种仁切面平滑；浸种后种仁膨胀，质硬脆，胚乳乳白色，胚靠根尖部呈浅黄或浅黄绿色，其靠子叶部呈鲜白色；用 84％的酒精浸种可快速测出饱满度

续表

顺序号	树　种	优良种子
11	白杆	种皮黑褐色或灰褐色，种粒饱满，胚、胚乳皆白色，有松脂香味；浸种后种仁膨胀，色鲜，质硬脆
12	青杆	种皮黑褐色或灰褐色，种粒饱满，胚、胚乳皆白色，有松脂香味；浸种后种仁膨胀，色鲜，质硬脆
13	华山松	种仁饱满，有松脂香味，胚乳乳白色，胚白色，其两端呈微淡黄色或微淡黄绿色；浸种后种仁膨胀，胚乳白色，有鲜嫩感
14	白皮松	种仁饱满，有松脂香味，胚乳乳白色，胚白色，其两端呈微淡黄色或微淡黄绿色；浸种后种仁膨胀，胚乳白色，有鲜嫩感，胚根部微黄色或黄绿色，质硬脆
15	赤松	种皮赤褐色，胚、胚乳皆白色，有松脂香味，有弹性
16	红松	种粒饱满，浅红棕色；胚、胚乳乳白色，饱满，有弹性，富松脂香味
17	马尾松	种皮黑褐、灰褐、、灰棕或黄白色；温水浸种20～24h，胚乳白色，胚黄或红色
18	樟子松	种粒饱满，胚、胚乳白色，有弹性，具松脂香味
19	油松	种皮黑褐色或灰褐色，有光泽；种仁饱满，胚乳白色，胚白色，其靠根部具微浅黄色，有松脂香味；浸种后种仁膨胀，质硬脆，胚乳、胚鲜白色，胚靠根尖部呈鲜淡黄色，或鲜淡黄绿色

续表

顺序号	树　种	优良种子
20	黄山松	种粒饱满，种皮黑褐色或灰褐色；胚、胚乳白色，有松脂香味
21	黑松	种粒饱满，种皮黑褐色或灰褐色；胚、胚乳白色，有松脂香味
22	云南松	胚乳乳白色，胚白色，饱满，新鲜
23	侧柏	种粒饱满，种皮棕褐色，有光泽；胚白色，胚乳乳白色或黄白色；浸种后种仁膨胀，色鲜，质硬脆
24	罗汉松	胚乳白色，胚黄绿色或淡黄绿色
25	竹柏	胚乳白色，胚黄绿色或淡黄绿色
26	圆柏	胚、胚乳白色，饱满，较软
27	南方红豆杉	种粒饱满，种皮棕色，有光泽；胚、胚乳皆白色
28	儿茶	种子暗绿色，扁平，饱满，稍有光泽；子叶淡黄色，光滑，较硬，有弹性，远离胚根有少量白色凹陷部分种仁带青色
29	青榨槭	翅果橙棕色，饱满；子叶黄色或浅黄色，胚根较白
30	茶条槭	翅果橙棕色，饱满；子叶黄色或浅黄色，胚根较白
31	五角枫	翅果褐色，饱满；种仁嫩绿，饱满，有弹性
32	地锦槭	翅果褐色，饱满；种仁嫩绿，饱满，有弹性
33	元宝枫	翅果橙棕色，饱满；子叶黄色或浅黄色，胚根白色

续表

顺序号	树　种	优良种子
34	海红豆	种子鲜红色，有光泽；内种皮透明，无色，凝胶状，有弹性；胚淡黄色
35	七叶树	胚浅黄色，湿润膨大，有油脂
36	臭椿	翅果褐色，饱满，种皮黄白色，种仁浅黄色
37	榅树	种子青褐色；子叶淡黄色，较厚
38	合欢	种子褐色，饱满，有光泽；子叶黄色不透明
39	油桐	内种皮纸质，粉白色，种仁饱满，有弹性，胚乳光滑，黄白色，子叶白色
40	赤杨	种粒饱满，子叶白色，种仁乳白色，饱满
41	辽东楤木（水冬瓜）	种仁乳白色，饱满
42	紫穗槐	荚赤褐色；种皮棕色或浅灰绿色；种仁鲜黄绿色，子叶和胚根均为淡黄色
43	白花羊蹄甲	种子黄色，饱满，有光泽；子叶黄白色
44	羊蹄甲	内种皮透明；子叶黄色；较肥大，有皱纹
45	黄芦木	胚稍具黄绿色，胚乳乳白色，饱满而硬，切面光滑
46	重阳木	种子棕色或棕褐色，饱满；胚、胚乳均白色
47	油茶	内种皮紧贴子叶，子叶肥厚，乳黄色，饱满，有弹性
48	喜树	胚淡绿色，胚乳白色

续表

顺序号	树　种	优良种子
49	柠条锦鸡儿	种皮黄褐或栗褐色，光滑，子叶米黄色，种粒饱满均匀
50	小叶锦鸡儿	种粒饱满，种皮棕褐色或灰褐色，子叶淡黄色
51	山核桃	子叶饱满，乳白色，有油香味
52	薄壳山核桃	子叶饱满，乳白色，有油香味
53	铁刀木	种子红黑色，有光泽；子叶黄绿色，胚根白色，有弹性
54	板栗	钟壳栗褐色至浓褐色，饱满，坚硬，表面光泽；子叶浅黄色，较硬，有弹性及清香味，内外均无异状，胚芽健全，无黑点；子叶上虽有暗棕色条纹，但面积不超过 1/4
55	梓树	种子灰色或灰棕色，饱满；子叶白色
56	南蛇藤	胚浅白绿色，硬，胚乳粉白色
57	麻楝	胚、胚乳均白色，无病虫
58	樟树	胚、胚乳均白色，具樟油香味，油分多
59	灯台树	胚淡黄色，饱满
60	毛梾	胚、胚乳均白色
61	山楂	子叶乳白色，饱满，胚根白色
62	青冈	种子暗褐色，具淡黄色绒毛，坚硬；子叶较硬，有弹性，浅灰黄色，种仁接触空气即呈暗绿色

续表

顺序号	树　种	优良种子
63	黄檀	种子黄褐色，饱满，有光泽；子叶淡黄色
64	降香黄檀	种子红褐色，薄，饱满，有光泽；子叶鲜红色
65	凤凰木	胚淡黄色，胚乳灰白，坚硬，饱满
66	君迁子	种粒坚硬较厚；胚乳灰白色坚硬，胚白色
67	猫尾树	子叶、胚根、胚芽均白色，健壮，或子叶离开胚根部的边缘带有黑色斑点，子叶较硬，有弹性
68	沙枣	种粒饱满，肉质；子叶白色，有光泽；剖面淡黄色或近于白色
69	青皮象耳豆	种子黑红色，饱满，有光泽；子叶淡黄色
70	杜仲	种子淡栗色，饱满，有光泽；胚乳完整，有弹性，胚白色
71	卫矛	胚完整，新鲜，浅黄色或黄绿色，胚乳白色
72	水青冈	子叶、胚根均白色，饱满，有光泽
73	梧桐	种粒饱满，略有香味；胚乳白色，新鲜，无味或有香味，胚黄色
74	连翘	种皮棕黄、微红，种仁白色，饱满
75	美国白蜡树	胚白色或淡白色，有弹性，胚乳乳白色或淡蓝色，较硬
76	水曲柳	胚白色或淡白色，有弹性，胚乳乳白色或淡蓝色，较硬

续表

顺序号	树　种	优良种子
77	花曲柳	胚白色或淡白色，有弹性，胚乳乳白色或淡蓝色，较硬
78	皂荚	种子黄褐色；胚根、子叶浅黄色，饱满，子叶多展开
79	羊柴	种粒饱满，种皮浅黄色；子叶较硬，黄色
80	花棒	种皮黄色，皮上有少量绒毛，种粒饱满；子叶较硬，黄色
81	沙棘	胚根浅黄色，子叶乳白色，饱满，有弹性
82	冬青	种子深褐色，饱满；胚乳乳白色，饱满
83	核桃楸	内种皮淡黄色，有光泽；子叶淡黄白色，饱满，有弹性，具香味
84	核桃	内种皮淡黄色，有光泽；子叶饱满，淡黄白色，有油香味
85	栾树	子叶淡黄色；偶带绿色，饱满，有弹性
86	胡枝子	荚褐色，饱满；种仁黄白色，饱满
87	女贞	种粒饱满；胚、胚乳均白色
88	枸杞	种粒饱满；胚、胚乳均白色
89	仪花	浸种 2 日后，种皮变软，切开后子叶灰白色，无斑点
90	玉兰	种仁饱满，与壳同大，有油质，种仁尖端呈黄色，胚乳黄色，胚白色，油分多

续表

顺序号	树　种	优良种子
91	厚朴	种仁饱满，与壳同大，有油质，种仁尖端呈黄色，胚乳黄色，胚白色，油分多
92	天女花	种子棕色或棕黄色，饱满；胚乳表面黄色，切开呈清白色，油分多
93	山荆子	种皮有光泽；子叶、胚白色，饱满；浸种后种仁白色，有新鲜感，质硬脆
94	西府海棠	种皮有光泽；子叶、胚白色，饱满；浸种后种仁白色，有新鲜感，质硬脆
95	楝树	种粒饱满；胚根淡黄色，子叶白色，有光泽
96	川楝	种粒饱满；胚根淡黄色，子叶白色，有光泽
97	米老排	种仁白色，有带苦的油香味
98	蓝果树	胚、胚乳均白色，完整
99	木蝴蝶（千张纸）	子叶黄色或淡黄色
100	银珠	种子扁平，光滑；内种皮无色，透明，有弹性；子叶、胚根淡黄色
101	黄菠萝	种子黑褐色，饱满，有光泽；胚、胚乳均白色，有弹性，或胚淡黄色
102	桢楠	种仁饱满，胚、胚乳均白色
103	紫楠	种子黑褐色或灰黄色，有灰、黑条纹，有光泽；子叶淡黄色，较硬，有弹性
104	石楠	胚白色

续表

顺序号	树　种	优良种子
105	黄连木	子叶淡黄色或淡黄绿色，胚根白色
106	小叶杨	种粒饱满，子叶白色
107	山杏	子叶乳白色，饱满，坚硬，胚根比子叶色白
108	山桃	子叶乳白色，饱满，较硬，有弹性
109	紫檀	种子灰黄色，有光泽；子叶米黄色，饱满
110	枫杨	种子深褐色；种仁乳白色，饱满
111	翻白叶树	胚根、子叶白色
112	杜梨	子叶乳白色，饱满，坚硬，有弹性，胚根白色
113	麻栎	种粒饱满，棕黄色，有光泽；子叶硬，有弹性，浅黄白色，或带红色，胚芽、胚根正常，无虫害
114	两广梭罗树	种粒饱满，胚乳肥厚，胚白色或黄白色，子叶叶脉明显
115	刺槐	种粒饱满，种皮黑褐色或棕褐色，有光泽；子叶、胚根均为淡黄色，发育正常
116	乌桕	胚乳、胚根、子叶均为白色，新鲜，有弹性
117	檫木	手捏硬、饱满；子叶饱满新鲜，剖面中部颜色较深，带油光，最外圈色淡，呈淡白色或绿色

续表

顺序号	树　种	优良种子
118	木荷	胚和胚乳白色
119	硬核	胚和胚乳白色
120	仿栗	种壳褐色，有光泽；子叶淡黄色，饱满
121	槐树	种粒饱满，子叶浅绿色，胚根黄色
122	紫丁香	种粒饱满，子叶浅绿色，胚根黄色
123	厚皮香	胚白色
124	紫椴	种粒饱满，种皮深褐色；种仁淡黄白色，有弹性
125	糠椴	种粒饱满，干种解剖时，胚黄色，胚乳黄白色；浸种后解剖，胚淡白色，胚乳白色，子叶舒展
126	香椿	种粒饱满，种仁淡黄白色
127	棕榈	果皮蓝黑色，饱满；胚乳白色，透明，胚黄白色
128	石笔木	胚根黄白色，新鲜，饱满
129	文冠果	种粒饱满，有光泽；胚白色

——摘自 GB 2772－1999《林木种子检验规程》。